我的私人花园

观花植物养护指南

犀文图书 编著

U0380719

中国农业出版社

前 言 PREFACE

　　无论是临时的小窝，还是恒久的家，种上几盆花花草草平添几分温暖。盛放时节，看一盆盆花红叶绿；休眠时节，让泥土里延绵的生命陪我们走过每一天。等待下一个花季，等待生命中又一次灿烂辉煌地绽放。

　　养花除了自赏，还可以当做礼物送给亲友或爱人，对方一定会为这份独一无二、充满诚意的礼物所感动。养花会因为栽种者的不同喜好而分为不同种类的种植。爱花之人当然更喜欢观花类的盆栽种植。观花盆栽，以其或娇艳、或浓香，或清丽、或淡雅的不同特性，征服每一个赏花、爱花之人；同时，它也用自己的美装点着人们多彩的生活。

　　为了让植物爱好者进一步了解、欣赏以及栽培观花盆栽，本书介绍了家庭栽培观花盆栽所用到花盆及工具，常见的观花植物的别名、习性、形态特征、环境布置及养护方法等方面的知识。希望读者能够应用本书的知识，充分享受培养观花盆栽的乐趣。

　　本丛书共分四册：《观花植物养护指南》、《观叶植物养护指南》、《水养植物养护指南》和《多肉植物养护指南》，是家庭植物种植爱好者的好帮手。

目 录 CONTENTS

Part 1 观花植物概述

观花植物的分类

认识花卉植物的分类，可以更有效地帮助我们选择自己喜欢的花卉。

按生态学分类

一二年生：包括一年生及二年生观花植物。它们从种植到完成生殖的整个周期过程为1~2两年，有的一年生，又称春播植物；有的二年生，又称秋播植物。

常绿花卉：这类植物无明显的休眠期，枝叶四季常绿，地下根系发达。

宿根花卉：指入冬后，根系在土壤中宿存，第二年春天再萌发而开花的多年生花卉植物。

球根花卉：指地下根或地下茎已变态膨大成球形或块状，以贮存养分及水分的多年生草本植物。

水生花卉：指大部分落叶、生长在水中或沼泽湿地中的花卉，属于多年生草本植物。

木本花卉：这一类植物的茎高度木质化，枝干坚硬，分为亚灌木、灌木、乔木和藤本类。

多肉植物：这些植物多产于热带半荒漠地区，具有旱生、喜热的生理生态特点。

蕨类植物：一般是多年生草本植物，叶丛生，多为常绿，主要靠孢子繁殖。

按开花季节分类

春花：春天开花的花卉有蝴蝶兰、勋章菊、雏菊、茶花、金边瑞香、春石斛、风信子、葡萄风信子、长寿花、杜鹃、桃花、大花蕙兰等。

夏花：夏天开花的花卉有牵牛花、旱金莲、朱顶红、八仙花、大岩桐、鸡冠花、茉莉、栀子花、萱草等。

秋花：秋天开花的花卉有菊花、大丽花、桂花、千日红等。

冬花：冬天开花的花卉有仙客来、瓜叶菊、兜兰、叶子花、腊梅、水仙等。

有些花卉的花期横跨两三个季度，也有一些花卉一年四季都可开花，如虎刺梅、扶桑、新几内亚凤仙、羽叶薰衣草、文心兰等。

按自然分布分类

热带花卉：如果离开原产地，需进入高温温室越冬。

热带雨林花卉：要求夏季凉爽，冬季温暖。

亚热带花卉：喜欢温暖而湿润的气候条件。

温带花卉：在长江流域以及南方地区可以自然越冬，在北方需要人工保护越冬。

亚寒带花卉：在我国北方可自然越冬。

高山花卉：多生长在亚热带及温带地区，海拔2000米以上的高山上。

热带及亚热带沙生植物：喜阳光，生长在夏季高温而又干燥的环境条件下。

观花植物的生长环境

植物的"感情世界"一样丰富多彩，只要人类给予它合适的种植环境，它便会化身绿色的风情、多彩的仙子，还种植者一片勃勃生机。下面我们就来了解一下，一个好的种植环境所需要的一些必备基础因素吧。

土壤

根据各类品种的花卉对土壤的不同要求，往往需要人工调制混合土壤，这种土壤被称为培养土。培养土的成分很多，主要成分种类有：

1.园土：是培养土的主要成分。由垃圾、落叶等经过堆制和高温发酵而成，通常也把绿化带里的土称为园土。

2.腐叶土：又叫山泥，是一种树叶经腐烂而成的天然腐殖质土，除用于配制培养土外，还可单独使用种植杜鹃、山茶等喜酸性土壤的花卉。

3.河沙：是培养土的基础材料，可选用一般粗沙。掺入一定比例的河沙有利于土壤通气排水。

4.泥炭：又叫草炭、泥煤，含有古代埋藏在地下未完全腐烂分解的植物体以及丰富的有机质。加入泥炭有利于改良土壤结构，可混合或单独使用。

5.砻糠灰：是稻壳烧后的灰，富含钾肥，掺入后使土壤疏松。

6.锯末：木屑经发酵分解后，掺入培养土中，可以改变土壤的松散度和吸水性。

7.苔藓：苔藓晒干后掺入培养土，可使土质疏松、通水、增加透气性。

水分

一些原产于热带、亚热带雨林的植物需要比较高的湿度，一般而言相对湿度都要保持在60%以上。这些植物一般有：花叶芋、花烛、黄金葛、白鹤芋、绿巨人、观音莲、金鱼草、龟背竹、凤梨、蕨类等。

而像天门冬、球兰、秋海棠、散尾葵、袖珍椰子、万年青、合果芋等这一类植物，则需要相对湿度保持在50%~60%。

另外一些植物，要求湿度要低一些。例如荷兰叶、鹅掌柴、橡皮树、棕竹、变叶木、垂叶榕和苏铁等，需要的相对湿度大概在40%~50%。

温度

室内植物一般需要有比较恒定的温度，对于大多数植物通常的适温是20~30℃。

夏季过高温度不利于室内植物的正常生长，必须注意荫蔽与通风，营造较凉爽的小环境，保证其生长正常。

冬季低温往往是限制室内植物生长乃至生存的一大障碍。由于它们原产地纬度的不同以及形态结构上的差异，各种植物所能忍耐的最低温度也有差别。在栽培上，需要针对不同类型室内植物对温度需求的不同而区别对待。

观花植物的常规护理规律

修剪

修剪要选择适宜的时间，掌握正确的修剪方法，一般在花卉休眠期和生长期都可以进行修剪，但在具体修剪时，应根据它们的习性、耐寒程度和修剪目的而定。

早春先开花后长叶的花卉，如梅花、迎春等，花芽都生在两年生枝上，如果在早春发芽前修剪，就会把花枝剪去，造成无花现象，故修剪应在花后1~2周内进行，但此时花木已开始生长，树液流动比较旺盛，修剪量不宜过大。

夏秋季开花的花卉，如紫薇、月季、茉莉等，它们的花芽都生在当年生的枝条上，可在发芽前的休眠期进行修剪。耐寒性强的，可以在晚秋和初冬进行，不宜过早修剪，以免诱发秋梢，不利于来年开花结果和御寒防冻。怕冷的则应在早春树液开始流动但尚未萌芽前进行。

另外，修剪的目的是为了更新，因而需要强行修剪时，均宜于休眠期进行。花卉生长期中的修剪，大都是为了通风透光，除去病虫枝、徒长枝或为了调节营养，修剪程度一般宜轻。还要注意剪口的芽要留外侧的，使枝条向外伸展，而剪口成一斜面，留芽应在剪口的对方。剪口斜面顶部宜略高出留芽0.1~0.2厘米，不宜过高或过低。

浇水

多数花卉喜欢喷浇，喷水能降低气温，增加小环境的湿度，减少植物蒸发，冲洗叶面灰尘、污物，提高光合作用的效率。经常喷浇的花卉，枝叶洁净，可提高观赏价值。但盛开的花朵和嫩芽及毛茸较多的花卉，不宜喷水。家庭养花可视条件而异，没有喷壶，也可直接浇灌盆面，但应定期用手洒水，冲洗叶面。

施肥

所说的适时施肥就是指在花需要肥料时施用。

基肥：

是指在育苗和换盆过程中将事先腐熟好的肥料，按照一定比例混入土壤中，以提供长期生长需要的一种方法。肥料一般采用自己制作的有机肥，如腐熟的饼肥、骨粉、炒熟的黄豆等，效果都非常好。

追肥：

是指在花卉生长期间，根据花卉不同生长期间的需要，有选择地补充各种肥料。可以用化肥也可以用有机肥。

叶面施肥：

这种方法可以及时挽救因疏忽管理，出现营养不良等现象的植株。方便快捷，经济有效。方法是将肥料稀释到一定比例后，用喷雾器直接喷施在植株的叶面上，靠叶片来吸收。

Part2 观花植物的养护工具及使用

种植工具

在植物的种植过程当中，使用适当、配套的工具，不但可以省时省力，还可为整个种植过程添加不少的乐趣。

实用工具

浇水壶：

浇水壶是花卉栽培的必备工具，用它来浇灌盆花、苗床，清洗叶面等。浇水壶一般有大、中、小三种，购买时可根据实际情况及种花的多少来选择。喷头分粗眼和细眼两种，每把喷壶上应各配一个。粗眼喷头用于喷洒叶面和降温增湿，细眼喷头供播种和扦插苗床使用。

花铲：

主要是移植花苗及上盆、换盆和铲除地下杂草用。多用于移植、栽培和松土等。

剪刀：

一般包括以下两种：树枝剪，主要是供木本花卉修剪、嫁接和扦插繁殖用；普通剪子，主要是供草本花卉修剪、整形和扦插繁殖用。

小耙：

多用于清除垃圾以及松土。

喷雾器：

主要用于防治温室花卉的病虫害，常用的有压缩喷雾器、单管喷雾器、背式喷雾器和超低量电动喷雾器。

花盆：

一般有以下几种。

泥盆：

泥盆具有排水透气性较好的特点，但质地粗糙，易破碎。有些泥盆做工粗糙，盆较浅，口径较大，色泽暗黄色，宜做生产用盆。有些泥盆用黄泥烧成，色泽较好，但因其观赏性差，如今家庭较少采用。

紫砂盆：

紫砂盆以江苏宜兴的为最好，虽排水性能较差，只有微弱的透气性，但造型琳琅满目，多用来养护室内名贵的中小型名花。

瓷盆：

瓷盆外形美观，质地精良，但排水、通气性较差，价格较贵。

陶盆：

陶盆用陶泥烧制而成，有一定的通气性，有的会在制作过程中在素陶盆上加一层彩釉，透气性较差。造型多样，十分美观。

木盆：

木盆大小尺寸不定，通气透水性好，造型多变。

塑料盆：

塑料盆一般体积较小，色彩丰富，造型各异，应用较多，价格便宜，通透性差。

玻璃盆：

常见的玻璃盆多为方形或圆柱形，也有六角形等其他造型。随着时间的推移，玻璃盆（器皿）的造型和颜色也越来越多样化。多用于水培。

关于花盆的使用

如何换盆

换盆的目的是为花卉的不断生长重新创造良好的盆土环境条件，为此，要选择适宜的优质培养土来进行更新，同时在操作过程中，不能损伤枝叶。换盆前1~2天暂停浇水，使盆土变得干燥一些。以便盆土与盆壁脱离，有利于操作。换盆时小型和中型花盆可用手轻轻敲击花盆四周，使盆土与花盆稍分离，再将花盆连同植株向一边倾倒，此时一只手托住植株，另一只手用拇指或木棍从盆底排水孔处用力向里推几下或轻扣盆底，便可将植株连土坨倒出。

如为宿根花卉，需将原土坨肩部和四周外部的宿土铲掉一层，剪除枯枝、卷曲根及部分老根，在大一号盆内填入新的培养土，将其栽入。

如为木本花卉，可将原土坨适当去掉一部分，并剪除老枯根，栽入大一号盆内，并注意添加新的培养土。换盆时栽植方法与上盆方法基本相同。

换盆后要充分灌水，以使根系与土壤密接。换盆后数日宜放置阴处，待其恢复正常后再按日常方法管理。

"双盆法"解决盆花根系透气问题

盆花一般隔1~2年就需换一次盆，换盆时可看到植株根系主要分布在盆土四周和底部，土团中心的根却很少，形成"根抱土"，这是由于土团中缺氧（空气）的缘故。"根抱土"使土壤中的营养不能充分被吸收利用，植株也就不能很好地生长开花。为解决这个问题，除了可以从盆质、盆形和栽培土等方面考虑外，还可以采用"双盆栽植法"，即在一大盆中倒置一个，大盆的排水孔需凿大些。此法对各种肉质根的花卉如君子兰、中国兰、文竹等尤为适用，它可有效地防止肉质根的腐烂。

"双盆法"改变了植株根系的分布，使土壤中的养分得到充分利用，花繁叶茂。但应注意采用"双盆法"后，在小盆内容易藏匿害虫，可对准大花盆底部的排水孔，向内喷一些药剂即可控制虫害。

巧用"大盆套小盆"养花

如果把几株花卉同栽在一个大花盆内，会发现靠近盆壁的花卉比中间的长得好。有人受到这种有趣现象的启发，在大盆内部套一个小盆，将花卉栽在两盆之间，浇水时只向小盆浇，因为内外两层盆壁具有透水、透气，效果甚佳。

Part3 观花植物养护实例

葱兰

别名： 葱莲、白花菖蒲莲、玉帘。

形态特征 葱兰是石蒜科多年生常绿草本植物。根部具有小而长的皮鳞茎，直径较小，叶基生，枝干状伫立生长。叶子如葱、色深绿；花梗短、单生、色白，花被6片，花期6～9月，蒴果近球形。

习性

喜温暖、湿润的环境，较耐寒，喜阳光，也较耐阴。

环境布置

1.光照：需要充足光线，但不可烈日直射。一般可在早10点前、晚4点后接受光照。

2.温度：生长适温为18～30℃。

3.土壤：喜疏松、肥沃、通透良好的土壤。

养护方法

1.浇水：需经常保持适当湿度，夏天可每天浇水，冬天可不浇水。

2.施肥：生长季每月施液肥一次，开花前追施磷肥一次。

3.修剪：修剪简单，只需及时剪除残花、枯叶、病虫叶即可。

摆放技巧

盆栽可以摆在客厅、书房等地通风透气的案几之上，不适宜摆放在阳光猛烈直射的阳台上。

春兰

别名： 朵朵香、双飞燕、草兰、草素、山花、兰花。

形态特征 春兰为肉质根及球状的拟球茎，叶丛生而刚韧，叶片狭长而尖，边缘粗糙，花单生，花葶直立，花色淡黄、芬芳，花瓣卵状披针形，萼片呈三角形散开，花期在2~3月。

习性

春兰性喜凉爽、湿润、通风、透风以及比较凉爽的环境。

环境布置

1.光照：高温酷暑、干燥和阳光直晒。

2.温度：生长适温为15~25℃，北方冬季应在温室栽培。

3.土壤：需要排水良好、含腐殖质丰富、呈微酸性的土壤。

养护方法

1.浇水：春季气温低，兰花尚未开始生长，浇水量宜少；夏秋兰花生长旺盛，浇水量宜多；秋后天气转凉，浇水酌减；冬季休眠、气温低，浇水次数宜减，水量也少。

2.施肥：盆栽春兰特别忌用生肥、浓肥、大肥，尤其是高浓度的化肥，极易造成肉质根脱水坏死，应尽量使用沤制过的稀薄有机肥，或使用兰花专用肥，切实做到薄肥勤施。

3.修剪：随时剪去枯叶、病叶，剪时注意工具消毒。花芽出土后，如数量过多，应除去弱芽，保留壮芽。植株生长不良时，要摘除花朵。

摆放技巧

春兰在南方地区常有地栽，作为花坛、花基、庭院、墙角等地的美化观赏植物；盆栽兰花在全国大部分地区都能适应，可以作为酒楼、宾馆、公司、门店、前台等台面摆放的装饰物；家居盆栽，摆放在客厅、书房最为适宜。

兜兰

别名： 拖鞋兰。

形态特征 兜兰是多年生草本花卉，地生、半附生或附生。茎极短，叶基生，革质，数枚或多枚，带形、狭长圆形或狭椭圆形，绿色或带有红褐色斑纹，基部叶鞘套叠。花葶从叶丛中抽出，花形奇特，唇瓣呈口袋形，花瓣较厚，花色有赤、橙、黄、绿、青、蓝、紫、白及复色。花期秋冬季。果为蒴果。

习性

喜温暖、湿润和半阴的环境。

环境布置

1.光照：怕强光暴晒，不宜见强光，以半阴为佳。

2.温度：不同品种生长适温不同，一般绿叶品种为12~18℃，斑叶品种为15~25℃。能忍受的最高温度约30℃，越冬温度应在10~15℃为宜。

3.土壤：对栽培基质有较高要求，可用腐叶、泥炭土、蕨根、树皮块、木炭、苔藓等混合配制进行栽培，要求排水透气良好。

养护方法

1.浇水：兜兰栽培时宜保持盆土湿润及较高的空气湿度。

2.施肥：冬季温度较低，停止施肥，其他季节可结合浇水半月施肥1次，以速效性肥料为主，忌氮肥用量过高。

3.修剪：一般到了秋季，前两年生长的叶片呈现茶褐色即将枯萎，这并不是病态，只是一种老化现象，只要小心地从根际将其摘除或剪掉即可。

摆放技巧

多盆栽观赏，适于客厅、书房、案几、酒店等场所装饰欣赏，也适宜布置专类园。

建兰

别名：雄兰、骏河兰、剑蕙、四季兰。

形态特征 建兰是多年生兰科草本植物，根长，叶肥，多海绵质；叶丛生，线状披针形，暗绿色，花瓣较宽，形似竹叶般；叶间抽出总状花序，花多葶长，花瓣较萼片稍少而色淡，唇瓣卵状椭圆形，全缘，绿黄色，有红斑或褐斑。

习性

喜温暖湿润和半阴环境，耐寒性差，不耐水涝和干旱。

环境布置

1.光照：怕强光直射，如果露天栽种，夏季应用遮阳网遮阴。

2.温度：生长适温为15～23℃，北方冬季要入温室保存。

3.土壤：宜采用疏松肥沃、透气性好、排水性能强的富含腐殖质的沙质土壤。

养护方法

1.浇水：以2～4天浇1次水为宜，坚持"宁干勿湿"，浇水的时限要因地制宜。

2.施肥：采取"因兰制宜，看苗定肥、宁淡勿浓、适时薄施"。一般每隔15天一次，在根外施喷前后两天用清水喷洒叶面一次，冲洗尘土、药液残渣。

3.修剪：培养中要经常剪去枯黄断叶和病叶。

摆放技巧

建兰适宜栽种在通风、透光、阴凉的环境，阳台、客厅、花架和明亮通风的洗手间都是不错的选择；它不能摆放在有阳光直射或阴暗的地方。建兰不宜长时间摆放在室内养护，特别是干燥、通风不良的空调底下。

球兰

别名： 毯兰、蜡兰、腊花。

形态特征 球兰是多年常绿藤本状草本植物。茎节具气生根，可附着他物生长，茎蔓200厘米以上，可附生生长。叶全缘、对生、肥厚多肉，卵形或卵状长圆形。伞形花序腋生，常聚集成球形。花白色，心部淡红色，花期5~9月。

习性

喜高温、多湿的半阴环境，忌阳光暴晒。过高的温度、湿度及通风不良的环境易腐烂。

环境布置

1.光照：球兰喜光，但忌夏、秋季节的强光，此期应遮光养护，在阳光不强的季节可见全光，有利于球兰生长发育。

2.温度：生长适温为15～28℃。

3.土壤：对土壤要求不严，以肥沃、透气、排水良好的土壤为佳，栽培用土可用腐叶土（泥炭土、山泥）与珍珠岩混合配制，也可用附生基质栽培。

养护方法

1.浇水：球兰喜湿润，但忌盆土积水，生长季节除浇水要见干见湿外，还需经常向叶面上喷水。夏季浇水要充足，同时要注意增加空气湿度，以利健壮生长。

2.施肥：对肥料要求不高，一般每个月施肥1次，以复合肥为佳，斑叶品种如果氮肥过高，叶斑会转为绿色。

3.修剪：幼株宜早摘心，促使分枝，并及时设立支架，使其向上攀附生长。换盆时要剪去部分老根。花谢之后要任其自然凋落，不能将花茎剪掉。

摆放技巧

客厅、书房均可摆放，南向阳台尤为适合。

蕙兰

别名： 九节兰、九华兰、夏兰、九子兰。

形态特征 蕙兰属多年生常绿草本植物，基部常对折而呈"∨"字形，叶脉透亮，叶片深长，花葶从叶丛基部最外面的叶腋抽出，花苞片线状披针形，花常为浅黄绿色，唇瓣有紫红色斑，有香气。花期3~5月。

习性

蕙兰喜冬季温暖和夏季凉爽气候，喜高湿强光，性喜凉爽高湿的环境。

环境布置

1.光照：把兰盆放在朝东南向阳的位置上，使它能常年享受到充足的阳光。除了夏季、初秋要用遮阳网遮去中午前后的烈日暴晒外，其余季节都可以让阳光直晒，以利增强光合作用，加速养料制造，促进植株生长。

2.温度：生长适温为10~25℃，冬季应放在低温温室内管护，当夜间在10℃左右时长势良好。

3.土壤：栽培蕙兰所需的土壤要疏松透气。腐叶土、菜园土、风化石土单独使用均可，如和锯糠、谷壳、粗煤渣和碎花生壳之类混合使用更好。

养护方法

1.浇水：非常喜湿，春、夏、秋三季，在给予根部充足水分的同时，应经常叶而喷水；蕙兰是肉质根系，需要保持良好的湿度，但不宜浇水太勤，盆土透水要好，不宜积水。

2.施肥：用淡复合肥水半月或一月喷雾叶面一次。

3.修剪：枯黄叶，随时齐根剪掉。

摆放技巧

向阳的窗台和阳台是蕙兰摆放的首选位置，客厅摆放在灯光照射的地方；蕙兰也可以作为酒楼、宾馆大堂之上摆放装饰美化的观赏花卉，具有很好的绿植效果；室内阴暗、干燥的空调位置不利于它生长。

蟹爪兰

别名： 蟹爪莲、锦上添花、仙指花、圣诞仙人掌。

形态特征 为附生性小灌木。叶状茎扁平多节，肥厚，卵圆形，鲜绿色，先端截形，边缘具粗锯齿。花着生于茎的顶端，花被开张反卷，花色有淡紫、黄、红、纯白、粉红、橙和双色等。花期从9月至翌年4月。

习性

喜半阴、湿润、温暖环境。

环境布置

1.光照：室外宜放置于散射光下或半阴处，室内可置于向阳处，不能暴晒，冬季放置室内注意保温、通风。

2.温度：生长适温为18~22℃，越冬温度不要低于8℃。

3.土壤：喜肥沃疏松和排水良好的沙质壤土。盆栽可用等量煤渣灰、腐叶土、河沙混合配制成培养土，不能用黏重土壤。

养护方法

1.浇水：生长期浇水要适度，忌积水，保持盆土湿润为宜。盛夏植株进入短时间的休眠期，盆土宜干，但可每天向植株叶片喷水。冬季也应少浇水，浇水宁少勿多。

2.施肥：4~6月时半月施1次薄肥，盛夏停止施肥。入秋后至开花前，每周施1次以磷、钾为主的液肥，开花前再增施速效磷肥（0.2%的磷酸二氢钾）。花开后至长出新芽前，停止施肥。

3.修剪：一般不需修剪，只需在花开后去除残花。

摆放技巧

可盆栽或吊盆栽培，摆放于窗台、阳台等处观赏。

蝴蝶兰

别名：蝶兰。

形态特征 多年生附生草本植物，经过人工培植，成为优良的家居观赏植物。根系发达，有气生根；茎短叶厚，叶子一般长圆形；总状花序至圆锥花序，多呈弓状，花朵有红、白、粉、黄、紫等多种单色以及各种复合颜色。

习性

性喜高温、湿润、半荫蔽的气候环境。

环境布置

1.光照：对光照要求严格，忌强光直射，栽培时需适当见光。一般春、夏、秋三季中午不能置于阳光下养护，以充足的散射光为佳；冬季可置于南向的阳台养护，让蝴蝶兰接受较充足的光线。

2.温度：生长适温为白天22 ~ 30℃，夜间18~20℃，当温度低于15℃时，生长受到抑制，可能造成落蕾。

3.土壤：蝴蝶兰为典型的附生兰，它的根系发达，栽培基质必须具备疏松、通风、透气性好、耐腐烂的特点。目前商品栽培的蝴蝶兰的基质一般采用水苔，水苔通透性好，保水能力强；也可用松叶、粗泥炭、蕨根等栽培。

养护方法

1.浇水：蝴蝶兰喜湿，但忌积水。在生长期不能缺水，如长时期缺水会使叶片发黄，无法补救。用水苔栽培的蝴蝶兰要见干就浇水，浇到见土面湿润为止；用松针叶栽培的蝴蝶花不会积水，在浇水时用喷壶喷水，到盆底流出水为止。经常给兰盆周围洒水保持空气湿润，但注意不要使兰叶心部积水，尤其冬季夜间禁止将水喷洒到叶片上。

2.施肥：蝴蝶兰对肥料要求不高， 以薄肥勤施为原则，生长期施用通用型肥料即可（氮：磷：钾=20：20：20），浓度以2 000~3 000倍为宜，进入旺盛生长期，增施磷肥、钾肥，有利于花芽的形成及发育，一般7~10 天喷施1 次。

3.修剪：一般不需修剪，只需在花开后去除残花。

摆放技巧

多用作盆栽观赏，可摆放在客厅、饭厅和书房。还可用于切花、贵宾胸花、新娘捧花、花篮插花的高档素材，也可用于布置兰花专类园。

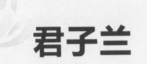

君子兰

别名： 大叶石蒜、剑叶石蒜、达木兰。

形态特征 君子兰为石蒜科多年生草本，它的株型疏朗，主茎分根茎和假鳞茎两部分，肉质根白色，不分枝，叶片对生，层叠生长，叶面犹如打过一层蜡；花序顶生，花为伞形排列，花茎扁平、肉质、实心，小花有柄，漏斗状，花色多样，种子大，球形。

习性

君子兰既怕炎热又不耐寒，喜欢半阴而湿润的环境。

环境布置

1.光照：君子兰是喜欢湿润的植物，适宜在高湿度环境下生长，但对光照要求不高。虽然良好的光照能够保证君子兰花颜色鲜艳，但它还是喜欢稍微弱一些的光线，所以一定要避免强光直射。

2.温度：生长的最佳温度在18～28℃，10℃以下，30℃以上，生长受抑制。

3.土壤：喜深厚肥沃疏松的土壤，适宜在疏松肥沃的微酸性有机质土壤内生长。

养护方法

1.浇水：不干不用浇水，要浇水就要浇透，不能一次浇一点。浇水时间，最好是早上或者晚上，夏季中午，气温很高，不宜浇水，还有一点就是浇水要应避开花心，以免造成烂心。

2.施肥：一般不需要经常施肥。花期应加施一次骨粉、发酵好的鱼内脏、豆饼水，可使花色鲜艳，花朵增大，叶片肥厚。

3.修剪：叶片枯黄，就应立即剪除，避免消耗过多的养分，修剪时有条件可将剪刀在酒精灯上消消毒，也可直接修剪，修剪后注意切勿淋雨或喷水，防止烂叶。并在修剪后隔一天于叶面喷施杀菌剂进行消毒。

摆放技巧

盆栽君子兰，最好是摆放于案台、书桌、茶几等通风透光的位置供人欣赏；要是客厅空阔且有屏风的家庭，大可以把君子兰摆放在屏风的支架上；君子兰不宜摆放在空调底下的地方，这样有损它的观赏雅趣，还会直接影响到它的花期和叶片的色泽。

卡特兰

别名： 嘉德丽亚兰、卡特利亚兰。

形态特征 是多年生附生草本植物。假鳞茎呈棍棒状或圆柱状，顶部生有叶1～3枚，叶长圆形，质厚，革质。花单朵或数朵，着生于假鳞茎顶端，萼片披针形，花瓣卵圆形，边波状。

习性

性喜温暖、潮湿，要求半阴环境。

环境布置

1.光照：春、夏、秋三季可用黑网稍微遮光，冬季在棚室内不遮光，搁放于室内的植株可置于窗前，稍见一些直射阳光。

2.温度：生长适温为15～30℃。

3.土壤：对土壤要求较严，多用蕨根、苔藓、树皮块、木炭块等栽培。

养护方法

1.浇水：生长期需要充足的水分，保持盆土湿润，每天向叶面及地面喷水以清洁叶面，同时起到降温和保持空气湿度的作用。

2.施肥：对肥料要求不高，半个月施肥1次，复合肥及有机肥交替施用，最好每年喷施2～3次0.2%的硫酸亚铁，防止缺铁。

3.修剪：一般不需要可以修剪，枯叶及时剪除即可。

摆放技巧

可作盆栽观赏，陈设于厅堂、会议室、宾馆、酒楼，也可以放置在卧室、书房的案头、茶几上观赏。温暖地区还可以丛植于庭院。

鹤顶兰

别名：大白芨、猴兰、千鹤兰。

形态特征 鹤顶兰是兰科多年生草本，株型飘逸，叶片深长，假鳞茎呈圆筒形或圆锥形。春季开花，花芳香、花期长，花莛从假鳞茎的基部生出，有花多数，花外面白色或浅黄色，花外面白色或浅黄色，内面紫色或赭色，在唇瓣上有一些棕色或红棕色斑点，花瓣小于萼片，唇瓣管状。

习性

鹤顶兰要求温暖、湿润和半阴的环境。

环境布置

1.光照：春夏秋之季可遮光50%左右；冬季不遮光或少遮光；在家庭室内可放在靠近向阳的窗子附近，最好每日有2~3小时的直射光。

2.温度：生长适温为18~25℃，越冬温度应在6℃以上。

3.土壤：盆栽基质可用4份腐殖土、1份河沙或直接用碎苔藓，或泥炭土3份、沙或碎苔藓1份；于春季新芽萌发之前换盆或换土；盆栽时盆下部1/4~1/3填充粗颗粒状的碎砖块、碎瓦片，以利盆土排水和透气。

养护方法

1.浇水：冬季相对休眠，保持盆土微潮，不宜浇水太多。

2.施肥：需肥量比较多，除在培养土中添加部分基肥外，在生长旺盛期，应每2~3周追施一次液体肥料，秋末气温降低后停止施肥。

3.修剪：换盆时要修根，花谢后将花葶连残花一并剪除。

摆放技巧

盆栽作为室内观赏花卉植物，适宜摆放在有适当遮阴的阳台、天棚位置，通风较好的洗手间也可以摆放；鹤顶兰一般不宜摆放在室内空调附近或通风不好的地方，会不利于它的生长和开花。

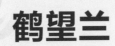

鹤望兰

别名： 极乐鸟花、天堂鸟花。

形态特征 鹤望兰是旅人蕉科常绿宿根草本。它的根系粗壮肉质，茎不明显。叶对生，长椭圆形或长椭圆状卵形，花序外有总佛焰苞片，花形奇特，色彩夺目，宛如仙鹤翘首远望，因此被称作鹤望兰。

习性

鹤望兰适应性强，喜温暖、湿润气候，怕霜雪。

环境布置

1.光照：夏季强光时宜遮阴或放荫棚下生长，冬季需充足阳光，如生长过密或阳光不足，直接影响叶片生长和花朵色彩。

2.温度：生长适温为18～24℃，夏季高于40℃生长受阻，越冬温度不低于5℃。

3.土壤：鹤望兰需要肥沃的微酸性土壤，可种植在富含腐殖质的沙质土壤，也可用粗砂、腐叶、泥炭、园土各一份混匀而成。

养护方法

1.浇水：鹤望兰怕旱忌涝，夏季生长期和秋、冬开花期需充足的水分，早春花后可适当减少浇水。夏季，一般每天浇水一次，并且早晚用清水喷洒叶面及周围地面，以增加空气湿度。多雨天气，要注意及时排水。冬季应适当减少浇水，保持盆土略干些为好，若让其继续生长，则浇水要适当多些、勤些。

2.施肥：喜肥，除盆土中加入适量的磷、钾肥作基肥外，生长季节每隔两周左右施一次稀薄肥，秋、冬季节则以磷、钾肥为主，这样可使植株生长茁壮，花多朵大。

3.修剪：黄叶及时剪除，花、叶一般无需修剪。

摆放技巧

盆栽鹤望兰，适宜摆放在客厅案几或阳台之上，花开之际，它的确有鹤立于枝头的感觉；它不宜放在阴暗的角落，如居室的死角位置；靠近厨房油烟太重，也不宜摆放。

文心兰

别名： 跳舞兰、舞女兰。

形态特征 是多年生常绿丛生草本植物，现栽培种多为杂交种。假鳞茎扁卵圆形，绿色，顶生1～3枚叶，椭圆状披针形。总状花序，腋生于假鳞茎基部，花朵唇瓣为黄色、白色或褐红色。

习性

喜湿润和半阴环境，厚叶型文心兰喜温热环境，耐干旱能力强，而薄叶型和剑叶型文心兰喜冷凉气候。

环境布置

1.光照：文心兰为喜光类型的附生兰，一般夏季可遮光50%左右，冬季适当遮光即可。

2.温度：生长适温为12～25℃，12℃以下要防寒。

3.土壤：水苔、细蛇木屑、木炭、珍珠岩、碎砖块、泥炭土等植料组合应用效果好。种植时要用碎石或碎砖垫花盆底部1/3左右，以利通气和排水。

养护方法

1.浇水：文心兰与大多数洋兰一样都喜欢较高的空气湿度，但由于不同种类的文心兰株型相差大，对干旱的抵抗能力也不一样。没有假鳞茎的品种，抗旱能力差，因此要经常保持盆内的基质湿润，基质一干就要补充水分。冬季减少水分，有利于开花，气温在10℃下时要停止浇水。在炎热的夏季应在植株周围的地面、台架、道路和植株上喷水，以增加空气湿度，否则会影响其生长。

2.施肥：先用少量缓放性肥料作基肥，每2～3周施一次1 500～2 000倍的液体水溶性速效肥，未开花时要施用氮、磷、钾"三要素"均衡的复合肥，可叶面喷洒，也可根部施用。近开花时要补充磷、钾肥以促进花芽分化和开花。

3.修剪：黄叶及时剪除即可。

摆放技巧

文心兰栽培广泛，多盆栽观赏。适合摆放在居室、窗台、阳台等处，也适合办公室、宾馆酒店的客房等处装饰。文心兰也是高级切花花材。

文殊兰

别名： 白花石蒜、十八学士。

形态特征 文殊兰是石蒜科多年生球根草本花卉。它的叶片宽大肥厚，常年浓绿，叶片主脉纹路清晰，前端尖锐，好似一柄绿剑，所以它又被称作秦琼剑；花茎粗壮而挺立，全株花茎高出叶片，花序顶生，呈伞形聚生于花葶顶端，花瓣中间深红，两侧粉红，盛开时向四周舒展。

习性

喜温暖，不耐寒，稍耐阴，喜潮湿，忌涝，耐盐碱。

环境布置

1.光照：略喜阴，夏季需遮阴，忌阳光直射。

2.温度：生长适温为15~20℃。

3.土壤：栽培基质以排水良好、湿润、肥沃壤土为佳，盆栽时一般可用腐叶土、泥炭土加1/4河沙和少量基肥作为基质。

养护方法

1.浇水：生长期和花期要求充足的水分，要见干见湿。夏季要充分浇水，越冬期间减少浇水，保持土壤稍湿润即可。

2.施肥：生长期每半月施肥1次，尤其是开花前后及花期要施充足液肥。

3.修剪：花后要及时剪去花梗，花谢后及时修剪残花和老叶即可。

摆放技巧

盆栽文殊兰，适宜摆放于办公室、酒楼、宾馆的大堂灯光底下，花开之际，给人美不胜收的愉悦感；家居盆栽养护，可以摆放在客厅的案几上，有适当遮阴的阳台上。文殊兰不宜摆放在阳光直射的地方，或者阴暗、无光的角落。

紫罗兰

别名： 草桂花、四桃克、草紫罗兰。

形态特征 紫罗兰为十字花科多年生草本植物，全株被灰色星状柔毛覆盖。茎直立，基部稍木质化；它的叶面宽大，长圆形或倒披针形，总状花序顶生和腋生；花梗粗壮，花有紫红、淡红、淡黄、白等颜色，花朵茂盛，花色鲜艳，香气浓郁，花期较长；果实为长角果圆柱形，种子有刺。

习性

紫罗兰喜冷凉的气候，忌燥热，不耐阴，怕渍水。

环境布置

1.光照：不能受强光直射，但也不能在过分荫蔽条件下生长过久。

2.温度：紫罗兰适宜生长温度以10~20℃为宜，气温高于30℃时易死亡，可以耐受0~2℃的低温。

3.土壤：对土壤要求不严，但在排水良好、中性偏碱的土壤中生长较好，忌酸性土壤。

养护方法

1.浇水：浇水量要根据生长季节而定，冬季和早春，气温低，浇水不宜过勤，要在盆土干了后再浇水，相对湿度保持在40%左右;夏季气温高应多浇水，周围要经常喷水，相对湿度不小于70%;秋季随气候凉爽，浇水相应减少。

2.施肥：在生长季节中，每隔2周施1次稀薄腐熟的饼肥水或液肥，但要注意氮肥不宜过量。出现花蕾后施1~2次0.5%的过磷酸钙，使花色鲜艳。

3.修剪：开花后进行修剪。

摆放技巧

盆栽紫罗兰适宜摆放在室内靠窗边或有阳光和灯光漫射的地方，室内过于阴暗的位置容易导致开花情况不良，也不宜摆放在闷热的空调旁边。

金心吊兰

别名：垂盆草、桂兰、钩兰、折鹤兰、蜘蛛草。

形态特征 金心吊兰是百合科多年生常绿草本。地下部有根茎；叶细长，线状披针形，中心具黄白色纵条纹，基部抱茎，叶簇生，鲜绿色，叶腋抽生匍匐枝，伸出株丛，弯曲向外；顶端着生带气生根的小植株；花白色，似花朵，花亭细长，长于叶，弯垂，疏离地散生在花序轴。

习性

喜温暖湿润、半阴的环境；它适应性强，较耐旱，不甚耐寒。

环境布置

1.光照：吊兰喜半阴环境，可常年在明亮的室内栽培。原本就在室外载培的吊兰，夏日在强烈直射阳光下也能生长良好。但是，长期在室内栽培的吊兰，则应避免强烈阳光的直射，需遮去50%~70%的阳光。

2.温度：生长适温为15~25℃，30℃以上停止生长，越冬温度为5℃。

3.土壤：吊兰对各种土壤的适应能力强，栽培容易。可用肥沃的沙壤土、腐殖土、泥炭土、或细沙土加少量基肥作盆栽用土。

养护方法

1.浇水：吊兰喜湿润环境，盆土易经常保持潮湿。但是，吊兰的肉质根能贮存大量水分，故有较强的抗旱能力，数日不浇水也不会干死。冬季5℃以下时，少浇水，盆土不要过湿，否则叶片易发黄。

2.施肥：生长季节每两周施一次液体肥。花叶品种应少施氮肥，否则叶片上的白色或黄色斑纹会变得不明显。环境温度低于4℃时停止施肥。

3.修剪：平时随时剪去黄叶。每年3月可翻盆一次，剪去老根、腐根及多余须根。5月上、中旬将吊兰老叶剪去一些，会促使萌发更多的新叶和小吊兰。

摆放技巧

金心吊兰适宜垂挂，可用绳子悬挂于空中，或者粘附在墙壁上也行，用花篮或吊篮吊起来做悬垂观赏，比一般盆栽更富有韵味；金心吊兰不宜放在地上或太矮的案台和茶几上，这样体现不出它应有的观赏效果。

大花蕙兰

别名： 喜姆比兰、蝉兰。

形态特征 多年常绿草本花卉，株高30～150厘米。假球茎硕大。叶丛生，带状，革质。花梗由假球茎抽出，每梗着花8～16朵，花色有红、黄、白、翠绿、复色等色。

习性

喜温暖、湿润环境，要求光照充足，但夏季花芽分化期需冷凉条件。

环境布置

1.光照：大花蕙兰喜强光，由于花期在春季，所以可长期日照，任阳光直射。

2.温度：生长适温为10～25℃。夜间温度以10℃左右为宜，尤其是开花期将温度维持在5℃以上，15℃以下可以延长花期3个月以上。

3.土壤：对栽培基质要求较高，一般用附生基质栽培，树皮块、石子、木炭块及泥炭均可。

养护方法

1.浇水：成株需水量较大，在炎热的夏季，要注意喷水保湿，每天多次进行喷雾，忌空气过于干燥，过干不利于叶片生长。

2.施肥：施肥可用速效性的肥料，10天施用1次，生长期可以通用肥为主，花芽分化后至开花增施磷、钾肥。

3.修剪：一般不需要修剪，出现黄叶及时剪除即可。

摆放技巧

大花蕙兰花大色艳，是优秀的盆栽观花植物，盆栽适合置于室内的客厅、阳台、窗台观赏，也适合作为办公室、会议室、宾馆的厅堂装饰欣赏。

非洲紫罗兰

别名： 非洲堇、非洲紫苣苔、圣保罗花。

形态特征 非洲紫罗兰为多年生草本植物，具极短的地上茎。叶片轮状平铺生长，呈莲座状，叶卵圆形全缘，先端稍尖。花梗自叶腋间抽出，花单朵顶生或交错对生，花色有深紫罗兰色、蓝紫色、浅红色、白色、红色等，有单瓣、重瓣之分。夏秋冬季均能连续开花。

习性

喜温暖、湿润、通风良好和散射光照充足的环境。耐半阴，不耐寒，忌高温、忌阳光直射。

环境布置

1.光照：忌阳光直射，夏季需要移至室内避光。

2.温度：生长期适宜温度白天22~24℃，夜间20~21℃。温度不能高于30~35℃。如果持续高于30℃，株型改变，花苞在开放前会枯萎脱落；高于35℃则叶片发黄或烧焦。

3.土壤：适宜在疏松、肥沃、排水良好、富含腐殖质的微酸性壤土中生长。

养护方法

1.浇水：生长期保持盆土湿润及较高的空气湿度，但要避免积水，土壤过湿易烂根。

2.施肥：月施肥1次，不宜使用有机肥，以速效性复合肥为佳，可结合浇水追施。

3.修剪：当叶片过于繁密时，可适当疏剪。

摆放技巧

非洲紫罗兰品种繁多，花色、叶色变异性较大，盆栽适合装饰客厅、书房、案几、阳台、窗台等，也可用于会议室、办公室等处装饰。

勋章菊

别名：勋章花、非洲太阳花。

形态特征 一年或二年生草本植物。勋章菊具根茎，叶丛生，披针形、倒卵状披针形或扁线形，全缘或有浅羽裂，叶背密被白绵毛。花径7~8厘米，舌状花白、黄、橙红色，有光泽，花期4~5月。

习性

喜阳光，喜生长于较凉爽的地方，耐旱，耐贫瘠土壤；半耐寒，因此在冬季较温和的地区可顺利越冬。

环境布置

1.光照：花朵需要在阳光下才能开放，阴天花朵会闭合。每天可以日照6~8 小时，但要避免长时间暴晒。

2.温度：生长适温15～25℃。

3.土壤：对土壤要求不严，以肥沃、疏松和排水良好的沙质壤土为佳。盆栽多选用泥炭或腐叶土。

养护方法

1.浇水：夏季高温时，空气湿度不宜过高，盆土不宜积水，否则均对勋章菊的生长和开花不利。

2.施肥：10～15天施肥一次，饼肥水或速效性有机肥均和，但不宜过浓，以防烧根。

3.修剪：花谢后及时剪掉残花,有助于形成更多花蕾,多开花。

摆放技巧

勋章菊多作为盆栽欣赏，适合摆放在家居的各个环境当中，最好是靠近窗台，还可以是阳台、天台等处。

万寿菊

别名： 臭芙蓉、万寿灯、蜂窝菊、臭菊花、蝎子菊。

形态特征 万寿菊为菊科一年生草本植物，它全株具异味，茎粗壮，绿色，直立，单叶羽状全裂对生，裂片披针形上部叶时有互生，裂片边缘有油腺，锯齿有芒，头状花序着生枝顶，花黄色或橙色，总花梗肥大。

习性

万寿菊喜阳光充足的环境，耐寒、耐干旱。

环境布置

1.光照：万寿菊为喜光性植物，充足阳光对万寿菊生长十分有利，植株矮壮，花色艳丽。阳光不足，茎叶柔软细长，开花少而小。万寿菊对日照长短反应较敏感，可以通过短日照处理（9小时）提早开花。

2.温度：生长适温为15~20℃，冬季温度不低于5℃。夏季高温30℃以上，植株徒长，茎叶松散，开花少。10℃以下，能生长但速度减慢，生长周期拉长。

3.土壤：对土壤要求不严，以肥沃、排水良好的砂质壤土为好。

养护方法

1.浇水：根据土壤墒情进行浇水，每次浇水量不宜过大，勿漫垄，保持土壤间干间湿。

2.施肥：在花盛开时进行根外追施有机肥和钾肥，喷施时间以下午6时以后为好。

3.修剪：万寿菊移栽后打顶2~3次，以矮化和促进多发分枝，多开花。花败后剪去残花，其下部又可发枝开花。

摆放技巧

家居盆栽适宜摆放在坐东向西的两个阳台上，让它早晚两个时间段都能享受到阳光的温暖，既有观赏的价值，又能起到驱蚊的效果。室内养护适宜摆放在有灯光照射的地方，用灯光作为它的取暖方式。万寿菊不宜摆放在室内潮湿、透风不良、过于干燥的环境。

瓜叶菊

别名： 千日莲，瓜叶莲，千里光，瓜子菊，瓜秧菊。

形态特征 多年生草本。分为高生种和矮生种，20～90厘米不等。全株被微毛，叶片大形如瓜叶，绿色光亮。花顶生，头状花序多数聚合成伞房花序，花序密集覆盖于枝顶，常呈一锅底形，花色丰富，除黄色以外其他颜色均有，还有红白相间的复色，花期1～4月。

习性

性喜冬季温暖、夏季无酷暑的气候条件，不耐高温和霜冻。

环境布置

1.光照：生长期要放在光照较好的温室内生长，开花以后移置室内欣赏，每天至少要放在光线明亮的南、西、东窗前接受4小时的光照，才能保持花色艳丽，植株健壮。

2.温度：在15～20℃的条件下生长最好。当温度高于21℃，即可发生徒长现象，不利于花芽的形成。温度低于5℃时植株停止生长发育，0℃以下即发生冻害；开花的适宜温度为10～15℃，低于6℃时不能含苞开放，高于18℃会使花茎长得细长、影响观赏价值。

3.土壤：瓜叶菊性喜疏松的、富含腐殖质而排水良好的沙质土壤，盆栽可选用腐叶土、泥炭土栽种。

养护方法

1.浇水：盆栽保持盆土稍湿润，浇水要浇透。但忌排水不良。

2.施肥：一般约2星期施一次液肥。用腐熟的豆饼或花生饼，烂黄豆、烂花生亦可，用水稀释10倍用。在现蕾期施1～2次磷、钾肥，而少施或不施氮肥。

3.修剪：一般不需要过多修剪，但在栽培中要注意经常转换盆的方向，以使花冠株形规整，有黄叶和残花要及时剪掉。

摆放技巧

瓜叶菊花色品种极多，花型差异较大，观赏性极佳。是我国重要的盆栽花卉。放在天台、室内阳台、窗台和通风透光的客厅都是不错的点缀装饰。

雏菊

别名： 延命菊、春菊、马兰头花、太阳菊。

形态特征 多年生矮小草本，簇生。高15~20厘米，叶自基部簇生，匙形或倒卵形，边缘具齿牙。早春开花，头状花序单生于花茎顶端，舌状花多轮，白色、粉红色、红色或紫色；管状花黄色。种子细小，灰白色。

习性

喜阳光充足、冷凉湿润环境，耐寒而不耐酷热。

环境布置

1.光照：雏菊生长期喜阳光充足，不耐阴，但盛夏高温时需要适当遮蔽。

2.温度：生长适温为18~25℃，夏季高温需移至室内。

3.土壤：以肥沃、富含腐殖质的土壤为佳，盆栽可选用泥炭栽培。

养护方法

1.浇水：浇水不能过多、不能积水，见干见湿。夏季应早晚浇水一次，保持盆土湿润，否则植株容易枯萎。雨季要注意排积水、防涝。冬季则可减少浇水次数，每2~3天浇透水一次即可。

2.施肥：种植前基肥宜使用干牛粪、鸡粪等有机肥料。生育期则每半个月施用草花液肥一次。

3.修剪：黄叶和败花随时修剪即可。

摆放技巧

多以盆栽形式种植，放置于阳台、窗台等处观赏。也可用于布置花坛、花台及花境。

菊花

别名：鞠、寿客、傅延年、节华、金蕊、黄花、女华、九华。

形态特征 多年生宿根草本植物。株高20~50厘米，个别品种可达200厘米。茎直立，单叶互生，叶的形态因品种而异，一般呈长圆形，边缘有缺刻及锯齿。头状花序生于枝顶，极少单生，舌状花为雌花，管状花为两性花，花序外由绿色苞片构成花苞，花色有红、黄、白、紫、绿、复色等。

习性

菊花适应性强，对气候和土壤条件要求不严。

环境布置

1.光照：短日植物，可以电照延长日长，或以黑布遮光以缩短日长，能达周年生产菊花的目的。

2.温度：喜凉，较耐寒，生长适温为18~21℃，生长最高温度32℃，最低10℃，土下根茎耐低温极限一般为-10℃。

3.土壤：对土质要求不严，要求排水、通气良好、富含有机质的土壤，盆栽菊花多选用腐叶土、园土加少量有机肥混合配制，也可用塘泥栽培。

养护方法

1.浇水：菊花需水量较大，生长季节保持土壤湿润，阴雨天适当控水，但幼苗浇水量不宜过多，盆土长期过湿会影响菊花生长，严重的可导致植株死亡。

2.施肥：菊花较喜肥，可根据生长状况及不同时期选择不同肥料，生长期以氮肥为主，植株越小，施肥量越少，掌握勤施薄施为原则，一般每周施肥1次。在孕蕾期，减少氮肥的施用量，以磷肥、钾肥为主，以促进花芽分化及形成。

3.修剪：当菊花植株长至10多厘米高时，即开始摘心。摘心时，只留植株基部4~5片叶，上部叶片全部摘除。待以后叶长出新枝有5~6片叶时，再将心摘去，使植株保留4~7个主枝，以后长出的枝、芽要及时摘除。最后一次摘心时，要对菊花植株进行定型修剪，去掉过多枝、过旺枝及过弱枝，保留3~5个枝即可。9月现蕾时，要摘去植株下端的花蕾，每个分枝上只留顶端一个花蕾。这样以后每盆菊可开4~7朵花，花朵会比较大，很富观赏性。

摆放技巧

菊花在我国应用广泛。在家里，可以种植在阳台、客厅、饭厅、书房等地方。

白鹤芋

别名：白掌、银保芋、和平芋。

形态特征 它的株植主干不明显，多为丛生状，叶片宽阔碧绿，株形美观，花为佛苞，由一块白色的苞片和一条黄白色的肉穗所组成，花姿绰约，花色洁白。

习性

比较耐阴，忌强光直射，适宜阴凉通风的环境。

环境布置

1.光照：白鹤芋在冬季及早春需要较好的光照，不要荫蔽，而光照渐强时要逐渐遮阳，如果在荫蔽处欣赏的，不可直接放于阳光下暴晒，否则会因环境的急剧变化而出现不适，表现为萎蔫、黄叶，甚至枯死。

2.温度：生长适温为22~28℃，3~9月以24~30℃，9月至翌年3月为18~21℃，冬季温度不低于14℃。温度低于10℃，植株生长受阻，叶片易受冻害。

3.土壤：忌黏重土壤，宜富含腐殖质的沙质壤土。

养护方法

1.浇水：日常要保持盆土湿润，忌干燥和积水。

2.施肥：施肥要薄肥施之，不要施用浓肥或生肥，并在施用了固态的肥料后浇灌一次清水，最好以稀薄的肥水代替清水浇灌，这样一般不会产生肥害，而且植株生长茂盛。

3.修剪：一般不需要修剪，黄叶摘去就好。

摆放技巧

家居盆栽，可以摆放在客厅、卧室等靠近窗台通风的适当地方，也可做玄关装饰，它不宜摆放在有光线直照的阳台或者靠近空调位的地方。

红掌

别名：花烛、安祖花、火鹤花、红鹅掌。

形态特征 红掌为天南星科多年生常绿草本花卉，具肉质根，叶从根茎抽出，具长柄，叶单生，叶片心形，叶鲜绿色，叶脉凹陷；花腋生，佛焰苞蜡质，正圆形至卵圆形，肉穗花序，圆柱状，直立，花色红艳。

习性

红掌性喜性喜温暖、潮湿、半阴、排水良好的环境，怕干旱和强光暴晒。

环境布置

1.光照：红掌是喜阴植物，因此，在室内宜放置在有一定散射光的明亮之处，千万应注意不要把红掌放在有强烈太阳光直射的环境中。当光照过强时，有可能造成叶片变色、灼伤或焦枯现象。

2.温度：红掌生长适温为18~28℃，最高温度不宜超过35℃，最低温度为14℃，低于10℃随时会产生冻害的可能。夏季，当温度高于32℃时需采取降温措施，如加强通风，多喷水，适当遮阴等。冬季如室内温度低于14℃时需进行加温。

3.土壤：土壤要疏松。可用泥炭土、叶糠和珍珠岩按3∶2∶1的比例配成混合土使用。

养护方法

1.浇水：种植红掌要保持较高的空气湿度，要保持土壤湿润，但不能积水，可以直接用水培。

2.施肥：肥料往往结合浇水一起施用，一般选用氮磷钾比例为1∶1∶1的复合肥，把复合肥溶于水后，用浓度为千分之一的液肥浇施。春、秋两季一般每3天浇肥水一次，如气温高时视盆内基质干湿可2~3天浇肥水一次；夏季可2天浇肥水一次，气温高时可加浇水一次；冬季一般每5~7天浇肥水一次。也可直接使用红掌专用肥。

3.修剪：一般不需要修剪，黄叶摘去就好。

摆放技巧

───

红掌可以摆放在通风、透光又有所遮阴的阳台、窗台；也可以把它放在洗手间等湿气较重、通风又好的地方养护。

百合

别名： 百合蒜、中逢花。

形态特征 茎通常为圆柱形，无毛。叶呈螺旋状散生排列，呈扁窄椭圆，边缘光滑。花朵通常单生，花形硕大，花色有白、黄、粉、红等多种颜色，花香浓郁。

习性

性喜高温、多湿的半阴环境。

环境布置

1.光照：百合喜欢用柔和的光照射。也耐于强光照和半阴，光照不足会引起花蕾脱落，开花数减少。光照充足，植株健壮矮小，花朵鲜艳。百合属长日照植物，每天增加光照时间6小时，能提早开花。如果光照时间减少，则开花推迟。

2.温度：百合的生长适温为15～25℃，温度低于10℃，生长缓慢，温度超过30℃则生长不良。生长过程中，以白天温度21～23℃、晚间温度15～17℃最好。

3.土壤：对土壤要求不高，以在肥沃的沙质土壤或腐殖质土壤中生长为最好，盆栽可用腐叶土、塘泥等种植。

养护方法

1.浇水：浇水只需保持盆土潮润，但生长旺季和天气干旱时须适当勤浇，并常在花盆周围洒水，以提高空气湿度。忌积水。

2.施肥：每半月施肥1次，花期增施磷、钾肥，并注意转盆。

3.修剪：除了培植的时候需要对根茎进行修剪加工，平时一般不需要修剪，黄叶及时摘除即可。

摆放技巧

百合花色艳丽，是世界上重要的切花品种，有的品种适合盆栽观赏，可用于阳台、客厅及书房等装饰，是我国重要的年宵花卉之一。

马蹄莲

别名： 慈菇花、水芋马。

形态特征 马蹄莲是多年生草本植物。根茎粗壮，长叶柄海绵质。叶片箭形、戟形、心形或披针形，有的具斑块。花朵有白、红、黄、玫红等多种颜色；会结卵圆形浆果。

习性

喜温暖、潮湿及疏荫的环境，不耐寒，不耐高温。

环境布置

1.光照：冬季需要充足的日照，光线不足则花少。夏季阳光过于强烈、灼热时须适当进行遮阴。

2.温度：生长适温为20℃左右，0℃时根茎就会受冻死亡。

3.土壤：对土质要求较高，盆栽可选用腐叶土、泥炭及有机肥混合配制成疏松、肥沃的营养土。

养护方法

1.浇水：要保持盆土湿润，喜潮湿，稍有积水也不太影响生长，但不耐干旱。

2.施肥：约10天施肥1次，最好饼肥水与速效性肥料交替施用，施肥时忌将饼肥水等有机肥水淋入叶心或花心内，防止发生黄叶或腐烂。

3.修剪：时一般不需要修剪，黄叶及时摘除即可。

摆放技巧

是我国重要的切花品种，也适合盆栽观赏，可用来装饰客厅、卧室及阳台等处，也适合在庭院、林荫下种植观赏。

春石斛

别名： 石斛、石兰。

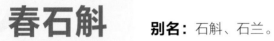

形态特征 春石斛是多年生附生草本植物，茎丛生，株高50～80厘米，直立或下垂，圆柱形或扁三棱形，少分枝，具节。叶近革质，互生，扁平，基部具抱茎的鞘。总状花序，直立、斜出或下垂，花多数，花色极多。花期春季。

习性

喜温暖、湿润和半阴环境，较耐寒，也耐旱，宜通风良好的环境。

环境布置

1.光照：止叶期后增加光照，有利于花芽分化。

2.温度：生长开花适温为10~30℃。

3.土壤：对基质要求较严，宜用排水良好、透气性好的蕨根、水苔、木炭、珍珠岩、树皮块等作为栽培基质。

养护方法

1.浇水：应保持土壤湿润，在天气干燥季节，向植株及地面喷水保湿，但如果长期积水，可能导致根系发黑腐烂，特别是在冬季，要适当控制浇水。春石斛一般9月份最后一片叶子长出，俗称为"止叶"，这时转入了生殖生长，也就是花芽分化期，这时控制浇水。

2.施肥：对肥料需求较少，一般10天施肥1次，浓度以1500倍的通用肥为宜，过高宜产生肥害，施肥忌在高温下进行，开花期及休眠期停止施肥。

3.修剪：每年春天前发新整时，结合采收老茎将丛内的枯茎剪除，并除去病茎、弱茎以及病者根。

摆放技巧

多作为盆栽供室内观赏，用于阳台、饭厅、客厅、书房等处的装饰。

龙吐珠

别名： 麒麟吐珠、珍珠宝莲、臭牡丹藤、白花蛇舌草。

形态特征 龙吐珠为多年生常绿藤本，茎四棱；单叶对生，叶片椭圆形，叶脉由基部伸出，全缘，有短柄；聚伞形花序腋生；春夏开花，花冠上部深红色，花开时红色的花冠从白色的萼片中伸出，宛如龙吐珠。

习性

性喜温暖、湿润和阳光充足的环境，不耐寒。

环境布置

1.光照：冬季需光照充足，夏季天气太热时宜遮阴。

2.温度：生长适温为18～24℃，2～10月为18～30℃，10月至翌年2月为13～16℃。冬季温度不低于8℃，5℃以上茎叶易遭受冻害，轻者引起落叶，重则嫩茎枯萎。营养生长期温度可以较高，30℃以上高温，只需供水充足，仍可正常生长。而生殖生长，即开花期的温度宜较低，约在17℃。

3.土壤：盆栽用培养土或泥炭土和粗沙的混合土。

养护方法

1.浇水：对水分的反应比较敏感。茎叶生长期要保持盐土湿润，但浇水不可超量，水量过大，造成只长蔓而不开花，甚至叶子发黄、凋落，根部腐烂死亡。夏季高温季节应充分浇水，适当遮阴。冬季要减少浇水，使其休眠，以求安全越冬。

2.施肥：每半月施肥1次，龙吐珠开花季节，增施1～2次磷钾肥，或用"卉友"20 - 8 - 20四季用高硝酸钾肥。冬季则减少浇水并停止施肥。

3.修剪：长至15厘米时，离盆口10厘米处截枝，促进萌发粗壮新枝。生长期要严格控制分枝的高度，注意打顶摘心，以求分枝整齐，将来开花茂密。

摆放技巧

家庭盆栽，可摆放在有支架的天棚或阳台上，使它攀援生长；室内栽种可以摆放在窗台的花架上；还可以做垂吊观赏。龙吐珠不适宜摆放在阴暗，通风不好的室内环境；要是室内光线不足，会出现只长枝叶，开花不多的现象，甚至会使叶子发黄或者脱落。

扶桑

别名： 朱槿、佛桑、木牡丹、大红花。

形态特征 扶桑为落叶或常绿灌木，株高100～300厘米，茎直立而多分枝。叶互生，阔卵形或狭卵形，先端渐尖，基部圆形或楔形，边缘有粗齿，基部全缘，形似桑叶。花大，单生于上部叶腋间，有单瓣、重瓣之分。蒴果卵形，极少结果。花色为黄、橙、粉、白等。花期为全年，夏秋最盛。

习性

喜阳光充足、温暖、湿润及通风的环境，不耐寒霜，不耐阴。

环境布置

1.光照：扶桑系强阳性植物，约5月初需放在阳光充足处充分接受阳光作用。

2.温度：生长适温为15～28℃，室温低于5℃。叶片转黄脱落，低于0℃，即遭冻害。

3.土壤：对土壤要求不严，以肥沃、疏松的微酸性土壤中生长最好，盆栽可选用腐叶土、塘泥等栽培。

养护方法

1.浇水：扶桑喜水，在生长期应保持土壤湿润，在干燥季节，应向叶面喷水保湿，增加空气湿度，有利于植株生长；如置于室外养护，遇雨天积水，要及时排除积水，防止烂根，冬季控水。

2.施肥：扶桑全年开花，对肥料要求较高，应及时补充肥料，一般10天施1次复合肥，也可与有机肥交替施用，效果更佳。

3.修剪：为了保持树型优美，着花量多，根据扶桑发枝萌蘖能力强的特性，可于早春出房前后进行修剪整形，各枝除基部留2～3芽外，上部全部剪截。剪修可促使发新枝，长势将更旺盛，株形也更美观。修剪后，因地上部分消耗减少，要适当节制水肥。

摆放技巧

暖地可植于露地花坛或做花篱，北方多用于盆栽观赏，适合陈放在阳台、客厅。

姜花

别名： 蝴蝶姜、穗花山奈、蝴蝶花、香雪花、夜寒苏、姜兰花。

形态特征 姜花是蘘荷科多年生草本植物，地下茎块状横生而具芳香，叶形若姜，叶长椭圆状披针形，没有叶柄、叶脉平行，叶背略带薄毛；花序顶生，花白色。

习性

不耐寒，喜冬季温暖、夏季湿润环境，抗旱能力差。

环境布置

1.光照：生长初期宜半阴，生长旺盛期需充足阳光。

2.温度：生长适温为20～30℃，冬季气温降至10℃以下，地上部份枯萎，地下姜块休眠越冬。

3.土壤：对土壤适应性强，栽培土质以肥沃疏松、排水良好之壤土或砂质壤土最为适宜，但土壤应经常保持湿润或靠近水源，则生育更旺盛。

养护方法

1.浇水：刚栽植时不宜浇水过多，以免根茎切口腐烂。生长期需经常保持土壤湿润。

2.施肥：盆底放足基肥，后每10天左右施一次氮、磷肥，或有机肥。

3.修剪：不需要刻意修剪，除黄叶即可。

摆放技巧

为我国重要的观花灌木，暖地可植于露地花坛或做花篱，北方多用于盆栽观赏，适合陈放在阳台、客厅。

一品红　　**别名：** 猩猩木、象牙红、老来娇、圣诞花。

形态特征　直立灌木，株高1～3米，茎光滑，有乳汁。单叶互生，叶片卵状椭圆形至宽披针形，先端渐尖或急尖，基部楔形或渐狭，全缘或具波状齿。苞叶狭椭圆形，通常全缘，红色。杯状花序顶生，花小，无花被，着生于总苞内。蒴果，三棱状圆形。花期11月至第二年3月。

习性

性喜温暖、湿润及充足的光照，不耐低温。

环境布置

1.光照：一品红为短日照植物。在茎叶生长期需充足阳光，促使茎叶生长迅速繁茂。要使苞片提前变红，将每天光照控制在12小时以内，促使花芽分化。如每天光照9小时，5周后苞片即可转红。

2.温度：生长适温为18～25℃，4～9月为18～24℃，9月至翌年4月为13～16℃。冬季温度不低于10℃，否则会引起苞片泛蓝，基部叶片易变黄脱落，形成"脱脚"现象。当春季气温回升时，从茎干上能继续萌芽抽出枝条。

3.土壤：土壤以疏松肥沃，排水良好的沙质壤土为好。盆栽土以培养土、腐叶土和沙的混合土为佳。

养护方法

1.浇水：一品红不耐干旱，又不耐水湿，所以浇水要根据天气、盆土和植株生长情况灵活掌握，一般浇水以保持盆土湿润又不积水为度，但在开花后要减少浇水。

2.施肥：在生长开花季节，每隔10~15天施一次稀释5倍充分腐熟的麻酱渣液肥。入秋后，还可用0.3%的复合化肥，每周施一次，连续3~4次，以促进苞片变色及花芽分化。

3.修剪：在清明节前后将休眠老株换盆，剪除老根及病弱枝条，促其萌发新技，在生长过程中需摘心两次，第一次6月下旬，第二次8月中旬。

摆放技巧

一品红适合摆放在天台、阳台、庭院等阳光充足，透气良好的地方，室内可以放在客厅里，小朋友够不到的花台上，作装饰用。

四季海棠

别名：蚬肉秋海棠、玻璃翠、虎耳海棠、瓜子海棠。

形态特征 四季海棠为秋海棠科多年生草本植物，四季海棠茎浅绿色，节部膨大多汁，有发达的须根，叶互生，叶卵圆至广卵圆形，聚伞花序腋生，枝叶浓密，叶片圆形，叶色深红，花色鲜红艳丽。

习性

性喜阳光，稍耐阴，怕寒冷，喜温暖、稍阴湿的环境和湿润的土壤，但怕热及水涝，夏天注意遮阴，通风排水。

环境布置

1.光照：四季海棠对阳光十分敏感，夏季，要调整光照时间，创造适合其生长的环境，要对其进行遮阳处理。室内培养的植株，应放在有散射光且空气流通的地方，晚间需打开窗户，通风换气。

2.温度：生长适温为10~30℃ 。

3.土壤：种植要求富含腐殖质、排水良好的中性或微酸性土壤。

养护方法

1.浇水：水分过多易发生烂根、烂芽、烂枝的现象；高温高湿易产生各种疾病。见干见湿，保持土表湿润为宜。

2.施肥：生长期，每隔10天追施一次液体肥料。

3.修剪：及时修剪长枝、老枝而促发新的侧枝，加强修剪有利于株形的美观。

摆放技巧

四季海棠均作室内盆栽，温室及普通房间均可生长。适于庭、廊、案几、阳台、会议室台桌、餐厅等处摆设点缀；但室内阴暗无光、干燥的空调气口处不宜摆放。

月季

别名: 长春花、月月红、斗雪红、瘦客、胜春。

形态特征 常绿或半常绿灌木，或呈蔓状与攀援状。具钩状皮刺。叶互生，羽状小叶3~5枚，卵形或长圆形，基部近圆形或宽楔形，边缘具锐锯齿。花常数朵簇生，微香，单瓣，粉红或近白色。果卵球形或梨形。花期4~9月，果期6~11月。

习性

喜日照充足，空气流通，排水良好而通风的环境。

环境布置

1.光照：月季花在全日照条件下生长健壮。一般每天要求有6小时以上的光照，才能正常生长和开花。夏季避免高温，需适当遮阴。

2.温度：多数品种最适温度为白昼15~26℃、夜间10~15℃。较耐寒，冬季气温低于5℃即进入休眠。如夏季高温持续30℃以上，则多数品种开花减少，品质降低，进入半休状态。一般品种可耐-15℃低温。

3.土壤：对土壤要求不严，盆栽可选用腐叶土、泥炭土等介质，土壤的酸碱度以pH6.5左右为佳，如果土壤偏碱，可用硫酸亚铁进行处理，配制营养土时最好加入少量有机肥。

养护方法

1.浇水：月季对水分要求较高，生长期保持盆土湿润，夏、秋温度较高，蒸发量大，宜喷水保湿，防止干燥脱水，浇水掌握见干见湿的原则，土壤表面干燥后即可浇一次透水，但切忌长期过湿。夏季不要在烈日暴晒的情况下浇水，应在下午5点以后浇水，浇水后，要注意通风。

2.施肥：月季喜肥，上盆时施足有机肥，如腐熟的鸡粪、饼肥等，10天追肥1次，以复合肥为主，一般花期停止施肥或施薄肥，花谢后及时追肥，以满足生长需要。

3.修剪：修剪工作要在3~4月进行。修剪大体上是剪去植株高度的1/3左右，首先是剪除弱枝、病枝及枯枝。植株去年发出的新枝生机最旺，选这样的主枝留下2~3条最多5条，根据植株原来生长情况，一般在距地面50厘米左右，健壮芽的上方1厘米的部位用枝剪修剪。如果感到切口柔软，就要再往下剪到到硬的地方。植株分枝节老化的部位粗糙而且突出的膨胀，其间根本没有壮芽，因此也要剪掉。

摆放技巧

家庭可种植在花园、阳台、客厅等地方；它还可以植于花坛、花境、草坪角隅等处；也可布置成月季专类园。是我国重要的切花花材。

凤仙花

别名： 染指甲花、小桃红、金凤花。

形态特征 凤仙花为一年生草本花卉，凤仙花为肉质茎，枝叶浓密，叶互生，阔或狭披针形，顶端渐尖，边缘有锐齿，基部楔形；花期为6~8月，花色有粉红、大红、紫、白黄、洒金等，有的品种同一株上能开数种颜色的花朵。

习性

喜阳光，怕湿，耐热不耐寒，耐瘠薄；适应性较强，移植易成活，生长迅速。

环境布置

1.光照：需光照充足，但在夏季需遮挡强光照。

2.温度：生长适温为15~25℃。不耐寒，气温下降到7℃时会受冻害。

3.土壤：应选择疏松、肥沃、深厚、通透良好的土壤，忌积水、久湿和通风不良的培养土。

养护方法

1.浇水：重视水分管理，宜早晨浇透水，晚上若盆土发干，再适量补充水，并适当给予叶面和环境喷水，忌过干和过湿。

2.施肥：播种10天后开始施液肥，以每隔一周施1次。

3.修剪：定植后，对植株主茎要进行打顶，增强其分枝能力；基部开花随时摘去，这样会促使各枝顶部陆续开花。

摆放技巧

盆栽一般适宜摆放在阳台等光线充足的位置，还可以摆放在酒楼、宾馆等有灯光照射的大堂等，室内则可以摆放在客厅、卧室等有光照和灯光的地方；凤仙花一般不宜摆放在厨房油烟排放的地方，也不宜摆放在洗手间和冲凉房这些湿气太重的位置，容易发生烂根的现象。

沙漠玫瑰

别名： 天宝花、小夹竹桃。

形态特征 沙漠玫瑰为多年生落叶肉质小乔木。植株高100～200厘米，茎粗壮、肥厚、光滑、绿色至灰白色；主根肥厚、多汁、白色；全株具有透明乳汁。单叶互生，倒卵形，顶端急尖，革质，有光泽，腹面深绿色，背面灰绿色，全缘。总状花序，顶生，着花10余朵，喇叭状，花有玫红、粉红、白色及复色等。角果一对。花期4～11月，果于花谢后3个月成熟。

习性

沙漠玫瑰主要分布于热带非洲沙漠干旱地区，喜高温、干旱、阳光充足的气候环境。

环境布置

1.光照：沙漠玫瑰一般不需要遮光，可置于光照充足的地方养护，但南方夏季光照强烈，如果要叶片保持青翠，可适当遮阴。

2.温度：生长适温为25～30℃，在温度低于10℃时，开始落叶，并进入半休眠状态。

3.土壤：培养土可用泥炭土、腐叶土、砻糠灰、河沙加少量腐熟骨粉配制，小苗3~4片真叶时即可上盆。

养护方法

1.浇水：春、秋季为旺盛生长期，要充分浇水，保持盆土湿润，但不能过湿。浇水要见干见湿、干透浇透。早春和晚秋气温较低，应节制浇水。冬季减少浇水，盆土保持干燥，但过干也要浇水。

2.施肥：在生长季节施肥是必不可少的，氮、磷、钾肥要配合施用，苗期至开花前以氮肥为主，磷、钾肥为辅助，以促进营养生长。但成株的营养生长期，少施氮肥，多施磷、钾肥，因为氮肥过多，会造成枝叶徒长，并抑制生殖生长。在进入生殖生长期，停施氮肥，以磷、钾肥为主。一般花期停止施肥，但沙漠玫瑰花期较长，消耗养分较多，可适当补充一些速效性肥料，生长旺盛时期每15～20天施肥1次。

3.修剪：沙漠玫瑰的修剪工作也非常重要，如果不注意平时的修剪，任其徒长，很容易就失去了观赏价值。花期过后是修剪的最好时节，可以根据个人喜好进行取舍。注意：分枝多，开花就多，要想得到更多的花，就要想办法多留分株。

摆放技巧

沙漠玫瑰无论花、叶、茎，还是它的形，均优雅别致，适合客厅、卧室及阳台装饰，自然大方，别具一格，为室内栽培之佳品。

美人蕉

别名： 兰蕉、昙华、红艳蕉、大花美人蕉。

形态特征 美人蕉是多年生球根草本花卉，地下根茎横卧生长，肉质肥大，富含淀粉，多分枝，有明显的节，节上侧芽萌发能力强，茎叶绿色，叶长椭圆形，叶色翠绿，叶脉清晰；花序小而稀疏，总状花序自茎顶抽出，花瓣直伸，花色丰富。

习性

喜温暖湿润、阳光充足的环境，畏强风和霜雪，对氯气及二氧化硫有一定抗性。

环境布置

1.光照：生长期要求光照充足，保证每天要接受至少5个小时的直射阳光。环境太阴暗，光照不足，会使开花期向后延迟。

2.温度：喜温暖，忌严寒，适宜生长温度为16~30℃。开花时，为延长花期，可放在温度低、无阳光照射的地方，环境温度不宜低于10℃。

3.土壤：几乎不择土壤，但在富含有机质的深厚土壤中生长更好，要求土壤排水良好，怕积水。可用泥炭土或腐叶土1份、园土1份、沙1份配成，并加入适量的厩肥、过磷酸钙及复合肥。

养护方法

1.浇水：冬天休眠期，只要不太过干燥则不用浇水，生长期保持土壤湿润，不能太干，也不能积水。夏天高温每天可向叶面喷水1~2次。

2.施肥：生长季节施2~3次肥，最好施氮磷钾混合肥料。

3.修剪：只需摘除残花、枯枝、枯叶。

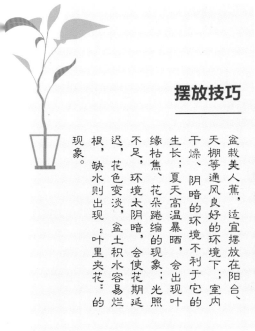

摆放技巧

盆栽美人蕉，适宜摆放在阳台、天棚等通风良好的环境下。室内干燥、阴暗的环境不利于它的生长；夏天高温暴晒，会出现叶缘枯焦、花朵蜷缩的现象；光照不足，环境太阴暗，会使花期延迟，花色变淡，盆土积水容易烂根，缺水则出现：叶里夹花的现象。

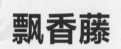 飘香藤　　**别名：** 双喜藤、文藤、红皱藤。

形态特征 是多年生常绿藤本植物。叶对生，全缘，长卵圆形，先端急尖，革质，叶面有皱褶，叶色浓绿并富有光泽。花腋生，花冠漏斗形，呈红色、桃红色、粉红等花色。

习性

性喜温暖、湿润及阳光充足的环境。

环境布置

1.光照：可置于稍荫蔽的地方，但光照不足会减少开花。

2.温度：生长适温为20~31℃，最高温不宜超过35℃，最低温度为14℃，低于10℃随时会产生冻害的可能。

3.土壤：对土壤的要求不高，以富含腐殖质、排水良好的沙质土壤为佳。室内盆栽北方可用腐叶土加少量粗沙，南方可使用塘泥、泥炭、河沙混合配制。

养护方法

1.浇水：在养护过程中，要适当控制浇水。

2.施肥：在生长期，可适量追施复合肥3~5次，但应控制氮肥施用量，以免植株生长过旺而影响生殖生长，使开花减少。

3.修剪：花期过后即可进行修剪，如果是一、二年生植株，可进行轻剪，修剪主要是为了整形。多年生老株可于春季进行强剪，以促其萌发强壮的新枝。

摆放技巧

可用于篱垣、棚架、天台、庭院的美化；也适合室内盆栽，可置于阳台或天台做成球形及吊盆观赏。

龙船花

别名： 英丹、仙丹花、百日红，山丹、水绣球、百日红。

形态特征 龙船花属常绿小灌木，老茎黑色有裂纹，嫩茎平滑无毛，叶对生，几乎无柄，薄革质或纸质，倒卵形至矩圆状披针形，聚伞形花序顶生，夏季开花，花序具短梗，开花密集，花色丰富。

习性

龙船花需阳光充足的生长环境，喜温暖、湿润，怕干旱、寒冷。

环境布置

1.光照：龙船花需阳光充足，尤其是茎叶生长期，充足的阳光下，叶片翠绿有光泽，有利于花序形成，开花整齐，花色鲜艳。在半阴环境下也能生长，但叶片淡绿，缺乏光泽，开花少，花色较浅。但夏季强光时适当遮阴，可延长观花期。

2.温度：生长适温为15~25℃，3~9月为24~30℃，9月至翌年3月为13~18℃。冬季温度不低0℃，过低易遭受冻害。相反，龙船花耐高温，32℃以上照常生长。总的来说，龙船花对温度的适应性比较强。

3.土壤：土壤以肥沃、疏松和排水良好的酸性沙质土壤为佳。盆栽用培养土、泥炭土和粗沙的混合土壤，pH在5~5.5为宜。盆底排水孔应加大，并做排水层。每年翻盆换土一次。

养护方法

1.浇水：平时要注意及时浇水，看花土表层干燥即可浇水，但不可积水。天气干燥时，要注意喷水增湿。雨季要注意倒盆排水，栽培期间不可太湿，过分潮湿对开花不利，甚至落叶、烂根。冬季约一周浇水1次，使土壤稍湿就行。

2.施肥：培育期施基肥，生长期再追施液肥2~3次，开花期间用等量的三要素肥料，浓度为0.2%每周施肥一次。扦插前，使用0.5%吲哚丁酸溶液浸泡插穗基部3~5秒，可缩短生根期，根系特别发达。如发现叶黄时，可施矾肥水。

盆栽老株，每年出房后应翻盆，并增施豆饼、粪干等作基肥。肥水要充足，每周施1次20%饼肥水或过磷酸钙浸液。可以使盆栽多开花。

3.修剪：龙船花一般两年换一次盆，换盆时间在5月初最好。换盆时要将植株的老根适当剪去，做好排水层后添加适量的栽培土，并施用一些马蹄片做基肥。龙船花的修剪一般在春季出室后进行，主要是对植株进行适当疏枝，以利通风，分枝较少则应强剪主枝，以使其多生侧枝。对病虫枝和枯死枝、下垂枝也应及时剪去。另外，花期适当摘心，可使其多孕蕾、开花。

摆放技巧

在选择室内摆放位置的时候，首先考虑的是通风良好、有适当阳光照射的阳台、窗台等阴凉的位置，龙船花不宜摆放在通风和光线不好的空调底下。

茶花

别名： 山茶、曼陀罗树、晚山茶、耐冬。

形态特征 插花是常绿灌木或小乔木。嫩枝无毛。叶互生，革质，卵形或椭圆形，边缘有锯齿，深绿色。花单生或2～3朵着生于枝梢顶端或叶腋间。花冠有红、粉红、白、玫瑰红、杂色等颜色及重瓣等品种。

习性

喜温暖、湿润环境，喜光，略耐半阴，忌强光，略耐寒。

环境布置

1.光照：山茶为长日照植物。在日长12小时的环境中才能形成花芽。生长期要置于半阴环境中，不宜接受过强的直射阳光。特别是夏、秋季要进行遮阴，或放树下疏荫处。

2.温度：茶花生长适温在20~25℃，29℃以上时停止生长，35℃时叶子会有焦灼现象。要求有一定温差。大部分品种可耐-8℃低温（自然越冬，云茶稍不耐寒），在淮河以南地区一般可自然越冬。

3.土壤：盆栽选用腐叶土、沙土、厩肥土各1/3配制，或腐叶土4份，草炭土5份、粗沙1份混合的培养土。

养护方法

1.浇水：以保持盆土和周围环境湿润为宜。浇水时不要把水喷在花朵上，否则会缩短花期。

2.施肥：喜肥。一般在上盆或换盆时在盆底施足基肥，秋、冬季每周浇一次腐熟的淡液肥，并追施1~2次磷钾肥，开花后可少施或不施肥。

3.修剪：地栽山茶主要剪去干枯枝、病弱枝、交叉枝、过密枝，明显影响树形的枝条以及疏去多余的花蕾。盆栽山茶除以上工作外，还应根据个人喜好进行整形修剪，但不宜重剪，因其生长势不强。

摆放技巧

多盆栽观赏，可用来装饰客厅、阳台、天台等，也适合丛植、散植于庭院、草坪边缘。

金银花

别名： 忍冬、金银藤、二色花藤、右转藤、子风藤、鸳鸯藤。

形态特征 金银花是忍冬科半常绿藤本；幼枝洁红褐色，密被黄褐色、开展的硬直糙毛、腺毛和短柔毛，下部常无毛，叶纸质，卵形至矩圆状卵形，有时卵状披针形，稀圆卵形或倒卵形，总花梗通常单生于小枝上部叶腋，金银花每年开花一次，花冠白色，有时基部向阳面呈微红，后变黄色。

习性

金银花适应性强，喜阳、耐阴，耐寒，也耐干旱和水湿。

环境布置

1.光照：金银花喜光，光照充足则植株健壮，花量多，产量高。光照不足则枝梢细长，叶小，产量低。所以金银花应栽在光照充足的地方，不宜在林下，沟谷或阴坡栽培。

2.温度：抗-30℃低温，故又名忍冬花；3℃以下生理活动微弱，生长缓慢；5℃以上萌芽抽枝；16℃以上新梢生长快；20℃左右花蕾生长发育快。

3.土壤：对土壤要求不严，但以湿润、肥沃的深厚沙质土壤生长最佳，根系繁密发达，萌蘖性强，茎蔓着地即能生根。

养护方法

1.浇水：金银花生长期间一般不用浇水。如遇特大干旱，要浇水抗旱。

2.施肥：一般于冬前施有机肥作基肥。生长期根据金银花生长状况，分期追肥3～5次，追施有机肥或三元复合肥。

3.修剪：剪枝是在秋季落叶后到春季发芽前进行，一般是旺枝轻剪，弱枝强剪，枝枝都剪，剪枝时要注意新枝长出后要有利通风透光。对细弱枝、枯老枝、基生枝等全部剪掉，对肥水条件差的地块剪枝要重些，株龄老化的剪去老枝，促发新枝。

摆放技巧

金银花是园林绿化的重要攀缘植物，也可作为家居盆栽种植，适宜摆放在阳台和窗台；一般不宜摆放在阴暗、潮湿、不通风的室内。

宝莲灯

别名： 珍珠宝莲、宝莲花、壮丽酸脚杆。

形态特征 宝莲灯是多年生常绿灌木。盆栽株高一般为50~120厘米。茎干四棱形，多分枝。叶片对生，粗糙、革质，长椭圆形、全缘，基出脉5条或更多。花序生于枝顶，下垂，着生粉红色苞片。

习性

喜高温、多湿和半阴环境，不耐寒。

环境布置

1.光照：喜欢半阴环境，在秋、冬、春三季可以给予充足的阳光，但在夏季要遮阴50%以上。放在室内养护时，尽量放在有明亮光线的地方，如采光良好的客厅、卧室、书房等场所。在室内养护一段时间后（1个月左右），就要把它搬到室外有遮阴（冬季有保温条件）的地方养护一段时间（1个月左右），如此交替调换。

2.温度：生长适温为20～30℃。由于它原产于热带地区，喜欢高温高湿环境，因此对冬季的温度的要求很严，当环境温度在10℃以下时停止生长，在霜冻出现时不能安全越冬。

3.土壤：对土壤要求较高，以肥沃、疏松的酸性土壤为佳，盆栽多选用粗泥炭或腐叶土等为主配制的营养土。

养护方法

1.浇水：在生长旺盛时期，应保持土壤湿润，在干燥季节，应向叶面喷水保湿。

2.施肥：对肥料要求较高，一般春季偏施氮肥，有利于发株，待现蕾时，可增施钾肥，也可定期施用腐熟的有机肥，施肥时可随浇水追施，忌施浓肥。

3.修剪：在冬季植株进入休眠或半休眠期，要把瘦弱、病虫、枯死、过密等枝条剪掉。也可结合扦插对枝条进行整理。

摆放技巧

宝莲灯株形优美，花形奇特，极为美丽，盆栽极适合在宾馆、厅堂、客厅中装饰，也可用于温室或专类园中栽培观赏。

含笑

别名：香蕉花、含笑梅、笑梅。

形态特征 含笑是木兰科常绿灌木或小乔木，树干多分枝，冠状树形，单叶互生，叶椭圆形，嫩叶翠绿，它初夏开花，色象牙黄，花开时常不满，如含笑状，所以被称作"含笑"。花朵还有股香蕉气味，所以又被称作"香蕉花"。

习性

性喜温湿，不甚耐寒，长江以南背风向阳处能露地越冬。

环境布置

1.光照：夏季炎热时宜半阴环境，不耐烈日暴晒。

2.温度：生长适温为18~30℃。

3.土壤：盆栽宜酸性及排水良好的土质，最好带土团移植，有利于含笑生长。

养护方法

1.浇水：平时要保持盆土湿润，但却不宜过湿。因其根部多位肉质，如浇水太多或雨后盆涝会照成烂根，故阴雨季节要注意控制湿度。生长期和开花前需较多水分，每天浇水一次，夏季高温天气须往叶面浇水，以保持一定空气湿度。秋季冬季因日照偏短每周浇水1~2次即可。

2.施肥：含笑花喜肥，多用腐熟饼肥、骨粉、鸡鸭粪和鱼肚肠等沤肥掺水施用，在生长季节（4~9月）每隔15天左右施一次肥，开花期和10月份以后停止施肥。若发现叶色不明亮浓绿，可施一次巩肥水。

3.修剪：含笑花不宜过度修剪，平时可在花后对影响树形的徒长枝、病弱枝和过密重叠枝进行修剪，并减去花后果实，减少养分消耗。春季萌芽前，适当疏去一些老叶，以触发新枝叶。

摆放技巧

盆栽一般摆放在没有阳光直接照射的阳台，南向阳台最为理想；在室内客厅的案几上，一般摆放那种株型娇小的含笑；它一般不宜摆放在空间太小的卧室，因为它的花香会影响人的睡眠状态。

金边瑞香

别名： 瑞兰、睡香、奇香花、蓬莱花、风流树。

形态特征 金边瑞香是多年生直立灌木。小枝紫红色或紫褐色。深绿色叶面光滑而厚，边缘有金黄色镶边，长椭圆形、全缘，叶柄粗短。顶生头状花序，花被筒状，白色中带有紫红色。

习性

喜阴凉通风环境，不耐严寒，怕积水。

环境布置

1.光照：养护时忌强光直射，夏、秋两季阳光充足时适当遮光，以防灼伤叶片；光线过弱则植株易徒长。

2.温度：生长适温为15~25℃。

3.土壤：喜排水良好、富含腐殖质的微酸性土壤，盆栽可用腐叶土、园土、河沙混合配制。

养护方法

1.浇水：金边瑞香根为肉质，平时养护管理要特别注意控制浇水，如浇水过多，盆土长期过湿，易引起烂根。下雨过后，须及时将盆内积水倒掉。在生长季节，宜保持土壤湿润，忌过干。秋冬两季适当控水。

2.施肥：金边瑞香较喜肥，肥料以氮肥为主，忌施浓肥，一般10天施肥1次，以复合肥及有机肥交替施用。开花前后宜各追施一次稀薄饼肥水。

3.修剪：金边瑞香枝干丛生，萌发力较强，耐修剪，花后须进行整枝。

摆放技巧

金边瑞香是我国的传统名花，株形优美，具芳香，为室内优良盆花，可植于庭院或置于客厅、饭厅、书房等室内欣赏。

德国报春

别名：西洋樱草、欧洲樱草、欧洲报春。

形态特征 一年或二年生草本，非常耐寒，在西欧可露天越冬。现代园艺品种除单瓣、重瓣外，还有套瓣。花形大，花色丰富，有大红、粉红、紫色、蓝色、黄色、橙色和白色等，一般花心为换色。是早春花坛的优良品种，也是家居养殖的好选择。

习性

性喜凉爽、湿润的环境。

环境布置

1.光照：怕暴晒，在盛夏宜遮阴，避免强光直射。

2.温度：生长适温为15～25℃，所以盛夏时节需要移至屋内，避免高温,冬天10℃左右即能越冬。

3.土壤：对土壤要求不高，以肥沃、排水良好的微酸性土壤为佳。

养护方法

1.浇水：比较喜水，见干就浇，慢慢浇到盆底能流出少量的水为止。夏季要避开阳光，早晚浇水为宜。

2.施肥：对肥料要求不高，10天左右随浇水按说明施通用复合肥料即可。中间可以少量添加有机肥。

3.修剪：一般不需要修剪，要注意及时摘除黄叶。

摆放技巧

极适合室内盆栽，可置于茶几、书桌或卧室、办公桌等处欣赏，是优良的室内观花植物。

虎刺梅

别名： 长铁梅棠、虎刺、麒麟花。

形态特征 虎刺梅是常绿亚灌木。茎肉质肥大，多棱、有硬刺。叶互生，通常集中在嫩枝上，倒卵形或矩圆状匙形，先端圆、基部渐狭，黄绿色、全缘。聚伞花序，生于枝顶，总苞鲜红，阔卵形。

习性

喜温暖、湿润和阳光充足的环境。

环境布置

1.光照：夏季放在半阴处养护；春、秋二季可以接受直射阳光的照射；冬季需放在室内有明亮光线的地方养护。

2.温度：耐高温，不耐寒，生长适温为15~28℃。

3.土壤：对土壤要求不严，以疏松、排水良好的腐叶土为最好。

养护方法

1.浇水：怕积水，春、夏二季为生长季节，耐旱，但宜保持土壤湿润，以满足生长的水分需求。

2.施肥：对肥料要求不高，可根据盆土的肥沃程度施肥，一般每月施肥1次，速效性肥料即可，也可施用有机肥。

3.修剪：枝株过于拥挤茂密时，可在春季萌发新叶前加以修剪整形。

摆放技巧

适合园林绿地栽培观赏，用于花坛、花台及花境等，也适合室内盆栽装饰，点缀窗台、阳台、案头等处。

三色堇

别名： 蝴蝶花、蝴蝶梅、鬼脸花、猫儿脸。

形态特征 三色堇是一年或二年生草本植物。分枝极多，叶片圆心形，边缘有圆钝锯齿。单花生于花梗顶端，花形大，花色有紫、蓝、黄、白、古铜色等。蒴果呈椭圆形。

习性

喜凉爽湿润的气候，喜阳光充足、通风的环境。

环境布置

1.光照：日照长短比光照强度对开花的影响大，日照不良，开花不佳，所以宜置于阳光充足的地方养护。

2.温度：在昼温15～25℃、夜温3～5℃的条件下发育良好。昼温若连续在30℃以上，则花芽消失，或不形成花瓣。

3.土壤：喜肥沃、排水良好、富含有机质的中性土壤或黏土。盆栽可用腐叶土或泥炭，要求疏松、透气及排水良好。

养护方法

1.浇水：生长期保持土壤湿润，冬季控制浇水，平时水分适中即可。

2.施肥：10天施肥1次，要遵守薄肥勤施的原则。

3.修剪：一般不需要特别修剪，残花和黄叶及时摘除即可。

摆放技巧

可盆栽作为室内装饰，置放阳台、客厅、饭厅等地方。也适合丛植、片植或用于花境，是布置春季花坛的主要花卉之一。

茉莉

别名： 奈子花、末利花。

形态特征 茉莉是常绿小灌木或藤本植物。枝干黄褐色，色嫩枝细而略呈藤本状。叶对生，椭圆形，表面有光泽，边缘光滑。聚伞花序顶生，常有3~5 朵小花生于枝顶或叶腋，花白色，单瓣至重瓣。

习性

喜温暖、湿润、光照充足的环境。

环境布置

1.光照：茉莉是典型的喜阳不喜阴型花卉，只要是白天，都应该置于室外让其接收到充足的光照，但如果是盛夏则不要置于太阳下直射暴晒。

2.温度：生长适温为22～35℃，越冬不能低于3℃。

3.土壤：喜疏松肥沃、排水良好的微酸性沙质土，盆栽基质可用腐叶土、园土及少量有机肥混合配制。

养护方法

1.浇水：生长旺盛时期，要保持土壤湿润，天气干燥要注意向植株喷水保湿，冬季宜控水。

2.施肥：茉莉是一年多次抽梢、多次孕蕾、周年开花的植物，因而需肥量很大，保持盆土有充足的肥力，这是茉莉开花多的重要保证。盆栽茉莉追肥以有机液肥为好。施肥时间，以盆土刚白皮、盆壁周围土表刚出现小干裂缝时追施最适宜。当新梢开始萌发时，可用稀粪水(粪、水比为1：9)每隔7天浇1次。快开花时，可增加粪水浓度。每3天浇1次。待第二、第三批花开放时，由于气温适宜，开花多，生长旺盛，可1～2天追施1次。以后逐渐控制肥水，以免植株旺长，组织柔嫩，难以过冬。

3.修剪：为使盆栽茉莉株形丰满美观，花谢后应随即剪去残败花枝，以促使基部萌发新技，控制植株高度。

摆放技巧

是盆栽的优良品种，可以用来装饰阳台、客厅等，也是小区、公园及庭院优良的香花树种。

凌霄花

别名： 紫葳、中国霄、藤萝花 、拿不走、上树龙。

形态特征 凌霄花属紫葳科薄叶木质藤本植物，借气生根攀援它物向上生长，叶对生，奇数羽状复叶，枝繁叶茂，夏、秋季开花，花序顶生，裂片半圆形，着生在花冠上，花冠漏斗状钟形。

习性

凌霄花适应性较强，不择土壤，喜温暖湿润的环境。

环境布置

1.光照：怕高温和强光，所以夏季如果在向阳的阳台，正午需要适当遮阴。喜温暖湿润，所以冬季要保持盆土湿润的同时，让花尽量接受阳光照耀。

2.温度：生长适温为15～25℃，冬季温度不低度于5℃，夏季温度达30℃时生长极为缓慢，35℃时大批枯萎死亡。

3.土壤：对土壤要求不严，砂质壤土、黏壤土均能生长。

养护方法

1.浇水：凌霄花花期要保持一定湿度，盆土不宜偏干，但也不能过湿。每天傍晚浇水至表土湿润即可。

2.施肥：凌霄花喜肥、好湿，早期管理要注意浇水，后期管理可粗放些。春季发芽后就要加强水肥管理，并进行适当疏剪，去掉枯枝和过密枝，使树形合理，利于生长；一般每月施1~2次液肥。植株长到一定程度，要设立支杆，搭好支架任其攀附，开花之前施一些复合肥、堆肥，并进行适当灌溉，使植株生长旺盛、开花茂密，夏季现蕾后及时疏花，并施一次液肥，则花大而鲜丽。

3.修剪：每年发芽前盆栽宜选择5年以上植株，将主干保留30~40厘米短截，同时修根，保留主要根系，上盆后使其重发新枝；萌出的新枝只保留上部3~5个，下部的全部剪去，使其成伞形，控制水肥，经一年即可成型。

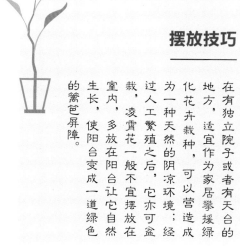

摆放技巧

在有独立院子或者有天台的地方，适宜作为家居攀援绿化花卉栽种，可以营造成为一种天然的阴凉环境；经过人工繁殖之后，它亦可盆栽，凌霄花一般不宜摆放在室内，多放在阳台让它自然生长，使阳台变成一道绿色的篱笆屏障。

长寿花

别名： 圣诞伽蓝菜、矮生伽蓝菜。

形态特征 长寿花是多年生肉质草本植物。叶肉质，交互对生，长圆状匙形，深绿色。圆锥状聚伞花序，小花高脚蝶状，花色有绯红、桃红、橙红、黄、橙黄和白色等，有单瓣或重瓣。

习性

性喜温暖、稍湿润和阳光充足的环境。

环境布置

1.光照：长寿花为短日照植物，对光照要求不严，全日照、半日照和散射光照条件下均能生长良好。夏季炎热时要注意通风、遮阴，避免强阳光直射；冬季入温室或放室内向阳处。

2.温度：生长适温为15～25℃。越冬温度最好保持10℃以上，最低温度不能低于5℃，温度低时叶片容易发红。

3.土壤：盆土采用肥沃的沙壤土. 以腐叶土2份、粗沙2份、谷壳炭1份混合的培养土最好。栽植时盆底要垫瓦片，并在培养土中掺加腐熟的有机肥作基肥。栽后不能马上浇水，需要停数天后浇水，以免根系腐烂。

养护方法

1.浇水：长寿花为肉质植物，体内含水分多，比较耐干旱。生长期不可浇水过多，每2~3天浇1次水，盆土以湿润偏于为好。如果盆土过温，易引起根腐烂。浇水掌握"见干见湿、浇则浇透"的原则。冬季应减少浇水，停止施肥。

2.施肥：对肥料要求不高，一般在生长季节，15天喷施1次全元素肥料，在秋季花芽分化时，增施磷肥、钾肥。

3.修剪：为了株型，促花，分枝，可以在春秋两季，天气不冷不热的时候做。一次将主要枝条剪断保留5～10厘米，然后在长出新枝条的时候再重复一次，可以增加枝条，促进多开花，但不要一次剪太多，要考虑叶子的光合作用。开过花的花杆将残花剪掉即可。

摆放技巧

多用于室内盆栽，可用来布置窗台、阳台、书桌、案头等，适合花坛、花台及花境应用，也是庭院栽培的优良观花植物。

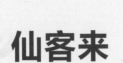

仙客来

别名： 兔耳花、兔子花、萝卜海棠。

形态特征 仙客来是多年生球根草本植物。叶子像心脏的形状，表面有明显的白色斑纹。花梗直立，花蕾下垂，开花时花瓣向上反卷似兔耳。花色有白、桃红、洋红、玫瑰红、紫红等色。

习性

喜阳光充足，凉爽、湿润的环境。

环境布置

1.光照：仙客来喜阳光，延长光照时间可促进其提前开花，因此，应将仙客来放置在阳光充足的地方养护。但强光下则需要遮阴。

2.温度：生长适温为15~25℃。冬季花期 温度不得低于10℃，若温度过低，则花色暗淡，且易凋落；夏季温度若达到28~30℃，则植株休眠，若达到35℃以上，则块茎易于腐烂。

3.土壤：对土壤要求较严，需要肥沃、疏松、排水通畅的微酸性土壤，盆栽多用腐叶土及泥炭等配制的营养土。

养护方法

1.浇水：在秋冬等生长旺盛的季节，保持土壤湿润，如空气过于干燥，可向花盆周围及叶片喷水保湿。夏季停止浇水。

2.施肥：半月施肥1次，以有机肥为主，可配施速效性肥料。夏季停止施肥。

3.修剪：开败了的花和泛黄了的叶子剪掉即可。

摆放技巧

重要的冬季盆花，适合装点室内的客厅、书桌、餐台、卧室等地，是极佳的观花植物。亦可以用来做切花用。

八仙花

别名： 绣球花、草绣球、紫绣球、粉团花。

形态特征 八仙花是落叶灌木。小枝粗壮圆柱形。叶大纸质或近革质，对生，倒卵形或阔椭圆形，边缘有粗锯齿，叶面鲜绿色，叶背黄绿色，叶柄粗壮。伞房状聚伞花序，整朵花呈球状。花色多变，初时白色，渐转蓝色或粉红色。

习性

性喜温暖、湿润环境，不耐寒；耐阴，忌直射光暴晒。

环境布置

1.光照：八仙花为短日照植物，耐阴，阳光直射会造成日灼，因此需遮阴。每日10小时以上置荫蔽中。

2.温度：八仙花不耐高温，要求温度在15～25℃，高温会使植株矮小花色淡化，降低品质。花蕾现色后，温度保持在10～12℃，以提高花色，并起到保鲜的作用。

3.土壤：对土壤要求较高，喜肥沃而排水好的疏松土壤，盆栽可选用泥炭、腐叶土等栽培。

养护方法

1.浇水：八仙花叶片的蒸腾量很大，因此必须及时浇水，即使短时间的缺水萎蔫，也可造成叶缘干枯，花朵坏死。尤其在夏季，必须遮阴降温减少蒸腾，并保持60%以上的空气湿度。

2.施肥：八仙花喜肥，一般每半个月追一次有机肥。生长前期氮肥要多一些，花芽分化和花蕾形成期磷钾肥多一些，亦可叶面喷施0.1%~0.2%的磷酸二氢钾2~3次，花蕾透色后停止施肥。

3.修剪：八仙花萌芽力强，在植株基部会萌发很多营养枝，为减少营养损耗，要及时抹除。若老枝需更换，可选择健壮的营养枝作为预备枝。花后及时短截，保留2~3个健壮芽促发新枝。

摆放技巧

常用于盆栽室内装饰，点缀窗台、阳台和客厅。可配置于稀疏的树荫下及林荫道旁。

三角梅

别名：九重葛、毛宝巾、勒杜鹃、三角花、叶子花、叶子梅。

形态特征 三角梅为常绿攀缘灌木，株高100～200厘米。老枝褐色，小枝青绿，有枝刺。单叶互生，卵状或卵状椭圆形，全缘。花顶生，花小，淡红色或黄色，常三朵簇生于三枚较大的苞片内，苞片色有紫、红、橙、白及复色等。花期11月至第二年6月。瘦果五棱形，很少结果。

习性

　　喜温暖、湿润、阳光充足的环境，喜凉爽、湿润气候，不耐寒，不耐阴，耐碱、耐旱，怕积水。

环境布置

　　1.光照：三角花属于短日照花卉，每天光照时间控制在9小时左右。生长季节光线不足会导致植株长势衰弱，影响孕蕾及开花，因此应放在光照充足的地方种植，冬季应摆放于南向窗前，且光照时间不能少于8个小时，否则易出现大量落叶。

　　2.温度：生长适温为15～30℃，在夏季能耐35℃的高温，冬季应维持不低于5℃的环境温度，否则易受冻落叶。在3℃以上才可安全越冬，15℃以上方可开花。

　　3.土壤：喜疏松肥沃的微酸性土壤，忌水涝，盆栽时可用腐叶土、泥炭土、沙土、园土各一份，并加入少量腐熟的饼渣作基肥，混合配制成培养土。

养护方法

　　1.浇水：春秋两季应每天浇水一次，夏季可每天早晚各浇一次水，冬季温度较低，植株处于休眠状态，应控制浇水，以保持盆土呈湿润状态为宜。

　　2.施肥：生长旺盛期，每隔7天施腐熟饼肥水，加速花芽分化。当叶腋出现花蕾时，可多施肥，以磷钾肥为主。夏季盛花期，每3~5天施一次矾肥水，每7天喷0.3%磷酸二氢钾。8~10天以肥代水，用矾肥水或饼肥水浇施。

　　3.修剪：生长期要注意整形修剪，以促进侧枝生长，多生花枝。修剪次数一般为1~3次，不宜过多，否则会影响开花次数。每次开花后，要及时清除残花，以减少养分消耗。花期过后要对过密枝条、内膛枝、徒长枝、弱势枝条进行疏剪，对其他枝条一般不修剪或只对枝头稍作修剪，不宜重剪。

摆放技巧

三角梅花期长，是南方园林常用的绿化树种，适合做围墙的攀缘花卉栽培。盆栽可用于装饰门廊、阳台、天台、庭院和厅堂入口处。

郁金香

别名： 洋荷花、草麝香。

形态特征 多年生球根植物，鳞茎扁圆锥形。茎、叶光滑，叶带状披针形，3～5枚，全缘并呈波状，顶端常有少数毛。花单生茎顶，花大艳丽，杯状，有红、黄、橙、紫、粉及复色变化，还有条纹和重瓣品种。白天开放，夜晚闭合。花期4～5月。

习性

性喜冬季温和，夏季凉爽、稍干燥环境。

环境布置

1.光照：郁金香性喜强光，光照是它开花的重要限制因子。在栽培过程中，应该保证植株每天接受不少于8小时的直射日光。这样有助于郁金香积累更多的光合产物，不仅保证植株生长良好，也能保证花朵正常开放。

2.温度：生长适温17~22℃，最高不得超过28℃，8℃以上即可正常生长，一般可耐-14℃低温。休眠期以20~25℃为佳。

3.土壤：喜肥沃、疏松、富含腐殖质、排水良好的沙壤土，在高密度土、贫瘠土中生长不良。

养护方法

1.浇水：郁金香喜微潮偏干的土壤环境。当植株现蕾后，可适当加大浇水量，以促使花葶抽生，这样能使植株的观赏价值更高。在郁金香的整个花期管理过程中，应该掌握气温低少浇水、气温高多浇水的原则。

2.施肥：在郁金香的花期控制中，通常可在其长出2~3枚叶片时、花葶抽生后，分别追施富含磷、钾的稀薄液体肥料一次，这样基本能够保证郁金香正常开花。

3.修剪：郁金香一般不需要修剪，花谢后把花剪掉即可。

摆放技巧

地栽，是布置花坛、花境的优良花卉。盆栽可以放在天台、阳台、窗台，或者通风透光的客厅里作为装饰。

观赏凤梨

别名：圆锥果子蔓、菠菠萝花。

形态特征 凤梨科多年生草本植物，它的植株草茎丛生，株形秀美，四季常青，叶片弯曲深长，叶色多样，叶片从主茎生长，并向四处散开，成莲台状分布。

习性

喜高温、多湿、半阴的环境，不耐寒。

环境布置

1.光照：凤梨都喜欢半遮阴环境，忌阳光直接照射。夏季时不要将凤梨花直射在太阳低下，要适当进行遮挡，冬季要适当地增加温度。

2.温度：生长适温为22～25℃，冬季低于15℃即停止生长，喜阳光，但强光时需遮阴。

3.土壤：要求基质疏松、透气、排水良好，pH呈酸性或微酸性。培养土可用3份草炭加1份沙和1份珍珠岩。

养护方法

1.浇水：夏秋生长旺季1~3天浇水1次，每天叶面喷雾1～2次。冬季应少喷水，保持盆土潮润，叶面干燥。

2.施肥：观赏凤梨对磷肥较敏感，施肥时应以氮肥和钾肥为主，氮、磷、钾比例以10：5：20为宜，浓度为0.1%～0.2%，生长旺季1～2周喷1次，冬季3～4周喷1次。

3.修剪：春天剪枝促分枝，花后修剪保持美观。要注意对凤梨花的形状进行修剪，对一些杂草进行清除。

摆放技巧

观赏凤梨可以放在进入客厅的玄关位置，缓和空间布局。它还可以摆放在阳台、客厅等地方；但一般不宜摆放在洗手间等冲泄比较频繁的位置。

朱顶红

别名： 百枝莲、朱顶兰、孤挺花。

形态特征 多年生球根植物。肥大的鳞茎，近球形。叶从鳞茎抽生，叶片6~8枚，呈带状，两列状着生，扁平淡绿。花茎也从鳞茎抽出，绿色粗壮、中空。伞形花序着生花茎顶端，喇叭形，着花2~4朵，有红色、红色带白条纹、白色带红条纹等。花期夏季。

习性

喜温暖、湿润和阳光充足环境。

环境布置

1.光照：喜光又怕暴晒，生长期不要强光直射，夏季要在放半阴处最好。每周要转动花盆180度，避免偏冠。

2.温度：生长适温为18~25℃。冬季休眠期，要求冷凉的气候，以10~12℃为宜，不得低于5℃。

3.土壤：要求富含腐殖质而排水良好的沙质壤土。盆栽可用园土3份、沙土3份和泥炭土4份配制成培养土，或直接用花市上出售的酸性培养土。

养护方法

1.浇水：栽后浇1次透水，盆土要经常保持潮湿，尤其是空气干燥、水分蒸发快时要保证供水，但盆土要见干见湿，10月份后应减少浇水量，以免枝叶徒长影响越冬。

2.施肥：可用饼肥、骨粉或复合肥，施肥后要覆一层土。平时10天左右施1次磷、钾为主的肥料，少施氮肥。花后还要施1~2次以磷、钾为主的液肥，促进鳞茎生长。冬季休眠要停止施肥。

3.修剪：如果不采种，在6月份花谢后要将花梗剪除。日常管理只需剪除黄叶和枯叶，冬季可剪去地上部分叶片。

摆放技巧

优良的盆栽观花植物，适合在阳台、客厅、卧室等处栽培观赏，也适合在露地庭院配置形成群落景观，在园林中多植于路边、山石旁、池畔观赏。

图书在版编目(CIP)数据

观花植物养护指南 / 犀文图书编著. -- 北京 ：中
国农业出版社，2015.1（2017.4重印）
（我的私人花园）
ISBN 978-7-109-20078-4

Ⅰ．①观… Ⅱ．①犀… Ⅲ．①花卉－观赏园艺－指南
Ⅳ．①S68-62

中国版本图书馆CIP数据核字(2015)第001472号

本书编委会：辛玉玺　张永荣　朱　琨　唐似葵　朱丽华
　　　　　　何　奕　唐　思　莫　赛　唐晓青　赵　毅
　　　　　　唐兆壁　曾娣娣　朱利亚　莫爱平　何先军
　　　　　　祝　燕　陆　云　徐逸儒　何林浈　韩艳来

中国农业出版社出版
（北京市朝阳区麦子店街18号楼）
（邮政编码：100125）
总　策　划　刘博浩
责任编辑　张丽四

北京画中画印刷有限公司印刷　　新华书店北京发行所发行
2015年6月第1版　　　　　　　2017年4月北京第2次印刷

开本：787mm×1092mm　1/16　印张：8
字数：150千字
定价：29.80元

（凡本版图书出现印刷、装订错误，请向出版社发行部调换）